百科通识
文库

49

建筑与文化

安德鲁·巴兰坦 著

王贵祥 译

U0213561

外语教学与研究出版社

北京

京权图字：01-2006-6871

Architecture was originally published in English in 2002.

This Chinese Edition is published by arrangement with Oxford University Press and is for sale in the People's Republic of China only, excluding Hong Kong SAR, Macau SAR and Taiwan Province, and may not be bought for export therefrom.

英文原版于 2002 年出版。该中文版由牛津大学出版社及外语教学与研究出版社合作出版，只限中华人民共和国境内销售，不包括香港特别行政区、澳门特别行政区及台湾省。不得出口。© Andrew Ballantyne 2002

图书在版编目（CIP）数据

建筑与文化 /（英）巴兰坦（Ballantyne, A.）著；王贵祥译. — 北京：外语教学与研究出版社，2015.8
　（百科通识文库）
　ISBN 978-7-5135-6520-2

　Ⅰ. ①建… Ⅱ. ①巴… ②王… Ⅲ. ①建筑艺术－世界－普及读物 Ⅳ. ①TU-861

中国版本图书馆CIP数据核字（2015）第198818号

出 版 人　蔡剑峰
项目策划　姚　虹
责任编辑　周渝毅
封面设计　泽　丹
版式设计　锋　尚
出版发行　外语教学与研究出版社
社　　址　北京市西三环北路19号（100089）
网　　址　http://www.fltrp.com
印　　刷　中国农业出版社印刷厂
开　　本　889×1194　1/32
印　　张　6.5
版　　次　2015年9月第1版　2015年9月第1次印刷
书　　号　ISBN 978-7-5135-6520-2
定　　价　20.00元

购书咨询：（010）88819929　电子邮箱：club@fltrp.com
外研书店：http://www.fltrpstore.com
凡印刷、装订质量问题，请联系我社印制部
联系电话：（010）61207896　电子邮箱：zhijian@fltrp.com
凡侵权、盗版书籍线索，请联系我社法律事务部
举报电话：（010）88817519　电子邮箱：banquan@fltrp.com
法律顾问：立方律师事务所　刘旭东律师
　　　　　中咨律师事务所　殷　斌律师
物料号：265200001

百科通识文库书目

历史系列：

美国简史 　　　　　　探秘古埃及

古代战争简史 　　　　罗马帝国简史

揭秘北欧海盗

日不落帝国兴衰史——盎格鲁－撒克逊时期

日不落帝国兴衰史——中世纪英国

日不落帝国兴衰史——十八世纪英国

日不落帝国兴衰史——十九世纪英国

日不落帝国兴衰史——二十世纪英国

艺术文化系列：

建筑与文化 　　　　　走近艺术史

走近当代艺术 　　　　走近现代艺术

走近世界音乐 　　　　神话密钥

埃及神话 　　　　　　文艺复兴简史

文艺复兴时期的艺术 　解码畅销小说

自然科学与心理学系列：

破解意识之谜　　　　　　认识宇宙学

密码术的奥秘　　　　　　达尔文与进化论

恐龙探秘　　　　　　　　梦的新解

情感密码　　　　　　　　弗洛伊德与精神分析

全球灾变与世界末日　　　时间简史

简析荣格　　　　　　　　浅论精神病学

人类进化简史　　　　　　走出黑暗——人类史前史探秘

政治、哲学与宗教系列：

动物权利　　　　　　　　《圣经》纵览

释迦牟尼：从王子到佛陀　解读欧陆哲学

死海古卷概说　　　　　　欧盟概览

存在主义简论　　　　　　女权主义简史

《旧约》入门　　　　　　《新约》入门

解读柏拉图　　　　　　　解读后现代主义

读懂莎士比亚　　　　　　解读苏格拉底

世界贸易组织概览

目 录

图目 /VII

绪论 /01

第一章　有意义的房屋 /27

第二章　西方传统的兴起 /87

第三章　建筑如何变得伟大 /135

年表 /186

图 目

图1　美国电报与电话公司大楼，纽约；建筑师：菲利普·约翰逊 /22

图2　传统农舍，年代不确定，但应建于20世纪前；没有经过建筑师设计 /44

图3　皇家亭阁，布赖顿，英格兰；建筑师：约翰·纳什 /46

图4　胡夫大金字塔，吉萨，开罗附近，埃及；建筑师：未知 /49

图5　威斯敏斯特宫，伦敦，英国；建筑师：查尔斯·巴里爵士和A.W.N.普金 /56

图6　昌迪加尔，旁遮普，印度；建筑师：勒·柯布西耶 /59

图7　帕提农神庙，雅典，希腊；建筑师：伊克蒂诺和卡利克拉特与雕刻家菲迪亚斯共同合作完成 /64

图8　圣艾蒂安大教堂，博格斯，法国 /67

图9 施罗德住宅，乌得勒支，荷兰；建筑师：盖里·里特维尔德 /75

图10 流水别墅，熊跑谷，宾夕法尼亚；建筑师：弗兰克·劳埃德·赖特 /85

图11 威斯朝圣教堂，斯特因豪森，巴伐利亚，德国；建筑师：多米尼克斯·齐莫尔曼 /98

图12 蒙蒂塞罗，夏洛茨维尔附近，弗吉尼亚；建筑师：托马斯·杰斐逊 /103

图13 方形大厦，尼姆，法国；建筑师：未知 /106

图14 万神庙，罗马，意大利；建筑师：匿名，但在哈德良皇帝的指导下进行的设计 /107

图15 圆厅别墅（卡普拉别墅），维琴察，意大利；建筑师：安德烈亚·帕拉第奥 /114

图16 奇斯威克别墅，伦敦，英国；建筑师：伯灵顿伯爵 /119

图17 朱诺·索斯皮塔神庙模型，拉努维马姆，伊特鲁里亚神庙，据维特鲁维 /130

图18 西格拉姆大厦，曼哈顿，纽约；建筑师：密斯·

凡·德·罗和菲利普·约翰逊 /139

图19 歌剧院,悉尼,澳大利亚;建筑师:约翰·伍重 /142

图20 芝加哥论坛报大厦,芝加哥,伊利诺伊;建筑师:约翰·迈德·豪威尔斯和雷蒙德·胡德 /146

图21 地铁出入口护拦及雨篷,巴黎,法国;建筑师:赫克托·吉马德 /154

图22 圣家族赎罪教堂,巴塞罗那,加泰罗尼亚,西班牙;建筑师:安东尼·高迪 /158

图23 泰姬·玛哈尔陵,阿格拉,印度;建筑师:乌斯塔德·伊萨 /163

图24 古根海姆博物馆,毕尔巴鄂,西班牙;建筑师:弗兰克·盖里 /166

图25 蓬皮杜艺术文化中心,巴黎,法国;建筑师:伦佐·皮亚诺和理查德·罗杰斯 /173

绪论

一位来自古国荒原的人与我相遇

他说："有两只巨大而没有身躯的石腿

在沙漠中站立。在这双腿旁，在沙砾中

半露出一张残破的石刻的面庞，那眉头紧锁，

嘴唇瘪翘，透出威严而轻蔑的嘲笑，

诉说着那雕刻师，

遗存在这岩石上的激情与热望，

他仍然活着，在那些冰冷之物上留下痕迹，

那捏塑它们的手，那获得满足的心；

在那基座上还留有铭记：

'我的名字是奥西曼德斯，王中之王，

看看我的功业吧，即使是强者，也无与伦比！'

此外就是空阔的虚无，环绕着残骸，

那巨大的断石，那茫茫的四野，

暴露无遗，孑然孤立，蔓延的荒沙无边无际。"

（珀西·拜舍尔·雪莱[1]，《奥西曼德斯》[2]，1818年）

在各种文明的产物中建筑应该是最为昂贵之物了。如果要使得它们可与竞争对手或历史上的伟大建筑相媲美，那么，有再多的金钱与气力也都可以全部花于其上。既然造价如此之高，那么力图胜过他人的建筑似乎就是错误的做法，然而没有人记得那些认为这是错误做法的文明，至少在建筑史上它们默默无名。相反，像古埃及和古罗马这样大兴土木、奢华成风的文明，我们却似乎避无可避。那些不朽的建筑似乎总是伴随着不朽的声名，而这种声名一直就是吸引有权势者建造纪念建筑的原因所在。然而，在经历了岁月长河的浸润侵蚀后，任何人类的造物也难逃破碎的命运。雪莱的著名诗篇《奥西曼德斯》既表现了那不

---

1 雪莱（Percy Bysshe Shelley，1792—1822），英国浪漫派诗人，一生追求个人爱情与社会正义，其作品包括《西风颂》（1819）、《致云雀》（1820）、抒情剧《解放了的普罗米修斯》（1820）以及为约翰·济慈作的挽歌《阿多尼斯》（1821）等。——译注，下同

2 奥西曼德斯（Ozymandias），古埃及国王拉美西斯二世的名字。

朽石雕的诱人魅力，也揭示了其标榜的永恒荣耀是多么具有欺骗性。建筑之所以重要，一个原因是它能透露给我们一些线索，从而使得我们了解历史上的统治者真正看重的事物。另外一个原因是建筑还能告诉我们，它如何使我们——活着的人——以特定的方式生活成为可能，并且让我们能够向彼此和自己证明什么才是我们关注之事，无论是作为个人，还是作为社会这一整体。究竟是考虑人们当前的需求，还是超越人们眼前的需求以建造出名垂青史的建筑，这两者之间如何平衡，不同的文明有着不同的答案。

这本小书想要做的就是向读者解释建筑是如何为其所为的。房屋使我们远离寒冷与潮湿，并深深融入人们的日常生活之中，然而，"建筑"这个词，只要我们加以留心，就会发现它永远存在一个文化的维度。本书第一章谈的是建筑如何与我们对自己的认识紧密相关。第二章探讨建筑建造得彼此相仿的方法，这样，建筑就负载了对特定文化中"熟知"该文化的人来说正确的信息。第三章要告诉人们的是一些建筑在文化层面上比另外一些建筑显得更为重要的原因。

建筑之所以能够特别引起考古学家的兴趣，原因之一是它们负载了如此多的生活层面的信息。如果我们能够搞清楚哪些人被带到一处，哪些人被分隔开，那么建筑的布置方式就会告诉我们人们在建筑中是如何互动的。建筑物的建造材料以及处理这些材料的方法也可以告诉我们很多信息。如果建造房屋的石头来自很远的地方，那么，我们就知道要么当时存在一种有效的交通运输体系，要么就是这些石头十分特殊，值得人们去大费周章。如果一座建筑用了钢铁的构架，那么，我们就知道它是现代建筑，因为古人根本不懂钢铁构架。要想了解遥远古代的历史，建筑是我们所能找到的证据的一个重要部分；这些建筑还能告诉我们许多今天的人真正关心的事。如果我们这个社会允许建造高速公路穿越郊区，那是因为我们对郊野的关注远不如我们对便利交通的渴求来得强烈。作为个人，我们可能作出不同的选择，但是，作为社会这一个整体，考虑到流通中的货币的流动和聚集，考虑到调停斡旋各种决定的政治过程，于是我们周围就出现了各种建筑。作为个人，我们绝大多数人一般无力左右周围的建筑环境，虽然在某些情况下，财富与权力的集中也会使个人引发巨变成为可能。据说，当罗马皇帝奥古斯都（Augustus）初到罗马之时，罗马是用砖建造的，而当他离开的时候，那里已经是大理石的世界。很显然，奥西曼德斯（拉美西斯二世）也曾大兴土木。建筑可以是漂亮而振奋人心的，然而，一旦它们被建造（而不仅仅是停留在想象中），就包含了经济和政治层面，当然，也包括美学层面。此外还有其他层面，例如建造技术的层面。比如说这座房屋能否立起来？它能否做到遮风避雨？房屋的室内能否温暖如春？抑或它会燥热难忍？我能否在这座房屋里过我希望的生活？或者，我想要成为在这样的房屋中生活的那种人吗？

假设一座建筑包含了以上所有层面，那么以突出某一层面的方式来探讨建筑就成为了可能。有关建造技术的历史会是其中的一个可能性。它讲述的应该是一个不断进步的过程，因为在技术上更为成熟的建造方式总会取代较为原始的建造方式。还会有一些重要的技术飞跃，如混凝土和拱券技术的引入以及新技术革新出现后推出的一系列新的建筑类型。如果以这种方式来描述建筑史，我们会忽略一个事实，那就是在某个特定的时期，可能很难有几座建筑能够在技术方面算得上领先。大多数建筑都只是一些平平之作，不会倒塌，也不会在出现新技术时就丧失实用性。就像许多欧洲人仍然生活在100多年前或更早时代建造的房子中一样，同样，在古罗马，那些我们谈起古罗马时就会联想到的穹隆式建筑并不是这座城市的主要建筑；事实上，几乎所有著名的罗马古建筑，其建造时间都在罗马帝国时代的晚期，因而，对于大多数古罗马人来说，他们并不知道这些建筑的存在。更具意味的是，这些建筑甚至不为维特鲁威（Vitruvius）——我们所知的古罗马唯一在建筑学方面有过著述的作家——所了解，因为维特鲁威生活在较之更早的时代。

我们可以把技术问题搁置一旁，或者将这些问题置于背景层面上，那么建筑历史就会成为讲述建筑的不同风格的历史。随着时间的推移，一类建筑造型会逐渐转变为另外一类建筑造型。这一房屋造型史听上去就像是在说建筑造型存在着进化与发展的意愿。传统日益成熟，建筑师则始终在努力尝试新的可能。有些尝试被视为革新，并为其他建筑师所模仿，直到它们自身又被革新。这种研究角度可能导致对风格分析的执着与专注，从而忽略这个事实：建筑背后存在着一种实践理性。它还可能导致对社会问题和经济问题的忽视，而这些问题原本就非常有趣，有时甚至是一座建筑最重要的层面。另外一个非常复杂的问题是，近在眼前的事物与那些远离自己的事物在我们的眼中会有所不同。在我们看来是历经若干世纪的渐进变化，在当时看起来更可能像是一个相当不平静的过程。让人们改变自己固有的行事方式总是一件不同寻常之事，当一种新的思想渐成气候时常常出现的情况是：一代人已经老去，缺乏活力，受到新思想熏陶的年轻一代承续了接力棒。这种变化是渐进的，还是突变的，这可能取决于我们距离变化发生的时间有多久。走近了观察时悲剧亦是喜剧。

在世界各地，从古至今的建筑可谓琳琅满目。将所有这些建筑都搜罗到一起并展现在读者的面前，特别是以这样一本概论性的小书的形式来展现，可以说是不可能的。因而有必要进行选择，而究竟选择哪些建筑，则取决于应该给读者讲述一段什么样的历史。本书的主旨是要为读者提供有关建筑的多种思考方式，并向读者展示这一主题下的内容是多么丰富，其丰富程度有时甚至会使建筑学难以理解。本书后面各章讨论了不同的主题。为了帮助说明文中的观点，我列举了一些建筑实例，因而作为图示的建筑实例并不是按照年代顺序排列的，读者可以参考书末的年表以了解这些建筑建造的年代顺序。读者会注意到，在所遴选的例子中，现代建筑比古代的要多一些。这其中有两方面的原因：一是因为现代建筑比古代建筑遗存显然要多很多；另外一个原因是人们往往对距离自己时间较近的事物更感兴趣。如果我把金字塔看作代表了持续3,000年的文明，那么，从宏观的视野来说，我会觉得这样的涵盖是充分的；但如果说金字塔代表了过去3,000年的建筑，那么我会觉得这样的涵盖滑稽可笑，远远不足以说明问题。仅以一座纪念碑来概括欧洲建筑听上去会令人感觉失之严肃，具有讽刺意味。中世纪教堂是所讨论的那个时期中期的宏大纪念性建筑，但若将其作为唯一重要的建筑呈现，这就会令我感到担心了。

显然，作者的观点暗含在所作的选择中，而我所作的选择是受西方文化的浸润与熏陶的结果。其他的观点当然也是可能的，而且也有其合理性，并将导致不同的选择。尽管如此，这并不是说本书所表达的观点只对个人具有意义。这些观点与一个传统紧密相关，后者经历了很多发展变化，而那些与我们的时代最为接近的发展变化似乎最为重要。也许计算机、电视和电话为我们提供的不仅是新的生活方式，还有在全球化网络系统中作为人的新的方式。然而，从另外一个视角来看，最近的这些发展或许可以看作是过去200年，甚至是500年来一个持续发展的趋势的延续。

一般年代学

建筑历史的语言包括定义不同建筑风格的词汇，这些词汇与不同的地区与时代相关联。将人类文化史划分成一些宽泛的时间段提供了许多便利。虽然这些划分是否适当，可能会引起争论，但是它们已经在我们的语言系统中扎根，而且对于确立某人的认知坐标来说，这是不可或缺的。我们从古代希腊与罗马的文明开始，它们以其文学、哲学与宏伟的建筑遗迹而闻名于世。这两种文明被称之为"古典"文明，这是一个人所共知的称谓。它们被视为艺术领域中权威与经典的基础，因此，这两个文明社会的产物一般都被称为是"古典的"。《牛津英语辞典》指出这个词表示此义最早可以追溯到1607年（指文本，而不是建筑）。另外一个重要的古典时代距离我们的时代较近，始于文艺复兴时期——古典文化的再生时期，又被人们称为"文学复兴"。这样，我们就有了关于世界历史的四个阶段的划分——两个文明时代，两个黑暗时代。首先是原始时代，古埃及属于这个时代；然后是以古希腊、罗马为代表的古典时代。接着，在罗马帝国的衰亡与文艺复兴的出现之间有一个中间时代，这一时代没有什么特别突出的事物，这就是所谓的"中世纪"。然后就是文艺复兴，理性与进步的近代时期。当然，这是一个过于简单的划分，然而这一划分对于帮助我们理解不同类型的建筑为什么有不同的名声非常有用。古典时期的建筑曾被景仰与模仿，中世纪建筑则较少受到重视。然而自这些划分时期的术语出现以来，一切已发生了改变。关于"中世纪"我们现在已经有了更多的了解，也不会想要将这一时代的建筑一笔抹杀。尽管如此，这样的一个时期划分依然存在。我们仍然谈论"中世纪"，尽管在使用这样一个词时已不再暗示它不应该受到重视，也早已忘记居于两个古典文明之间这一时代原来该是怎样。

如果我们视野更开阔些，这种时间划分就会出现问题，因为这一划分所标识出的文化变迁并不能与世界历史的变化相匹配；它只反映我们选择构建的西欧文化的变迁。不仅亚洲与美洲走的是完全独立的发展之路，即使是东欧，其发展历程也大不相同。古希腊当然应该被包括在西方文化的传统之中，因为希腊文化影响了罗马人对精美建筑的看法。但是谈论"中世纪希腊"却完全没有意义，因为尽管拜占廷帝国建造了令人难忘、精巧复杂的建筑，但是却未发生过文艺复兴。从某种程度上说整个拜占廷文化是一连串的复兴，那些希腊裔皇帝们的自我意识建立在与古代世界的联系的基础上。1453年，正当我们试图称之为希腊"中世纪"的时代接近尾声时，拜占廷首都君士坦丁堡陷落；文化的突变改变了现在被称为伊斯坦布尔的这座城市的传统，它由此成了奥斯曼帝国的首都。这一历史事件造成了大量希腊学者逃往西方，并且是掀起古籍研究高潮的原因之一，而古籍研究对于促成文艺复兴的发生又至关重要。由此可见，中世纪与文艺复兴的概念具有地域性。美洲没有中世纪，因为那里没有出现过古典文明。东欧也没有中世纪，因为那里没有出现过古典文化的再度复苏。同样值得注意的是，关于文艺复兴，我们是仅仅在谈论艺术领域的变化，还是在谈论一个更为广阔的社会－经济领域里的变化，这仍然是一个存在疑问的问题。在建筑史上，一般认为文艺复兴始于1420年，这一年伯鲁乃列斯基[1]（Brunelleschi）开始了他的佛罗伦萨大教堂穹隆顶的建造。这座穹隆顶不仅超越了古罗马穹隆建造者的成就，而且伯鲁乃列斯基应该在开始他的伟大尝试之前就对古罗马的建筑遗迹进行了仔细的研究。在艺术史上，类似的突破被认为与几何透视的发现有关，伯鲁乃列斯基的圆形穹顶中也运用了几何透视法。然而，另外还有一个一直在逐渐发展的、影响深远的变化，那就是随着商业贸易者所积聚的财富大大超过世袭贵族，封建势力日渐衰落。伯鲁乃列斯基的这个艺术上冒险的计划之所以具有新意，或许更多的是因为这一工程的经费来自新富，而不是因为它标志着他对于前辈艺术家成就的任何激进背离。我并不想证明与封建主义的决裂和几何透视学的发明可能源出一辙，这对我来说，似乎过于形而上学。对我来说真正有意义的是，

1　伯鲁乃列斯基（1377—1446），意大利建筑师，其作品在佛罗伦萨文艺复兴时期享有盛名，其经典作品是佛罗伦萨大教堂的大穹隆顶，被建筑历史学者誉为"文艺复兴的报春花"。

新艺术被新兴的富有阶层所采用令其显得与封建主义的决裂更为彻底。在我们这个时代，我们看到从电影、音乐和计算机行业获取的巨大财富正渐渐与从前人那里继承而来的财富平起平坐，这种生活方式带来了对风格的不同认识。富人及名人的住宅常常不遵照上流社会既有的审美趣味所确立的原则来建造；虽然这些建筑现在可能没有得到建筑史学家的认真对待，但是，在许多年之后再回头看时，这些建筑会像18世纪建造的贵族邸宅一样令人惊奇赞叹，一样不可复制。而且，尽管说来奇怪，但是我们会发现在建筑史书上用来代表我们这个时代的都是那些"怪异"的建筑创作，似乎与我们现在的生活经验完全没有关联。从一个批判性角度来写这可能会被称为"后资本主义与庸俗艺术的狂欢"。从另外一个角度来写，由于浸透着新时代的价值观，同样是这些建筑，它们也可以作为"你的梦想能够成真"的证据而加以表现。

在这里我竭力想说清的是：在观察建筑的时候，不同的视角是如何影响我们对眼前建筑的看法的。建筑与无数的文化与技术因素相关，而且关系复杂，因而它们在不同的领域具有不同层面的意义。更有甚者，当我们试图为建筑分类归档时，我们发现这样做并不能包含所有建筑。我们建立了这一套分类系统，随即却又不得不承认，如果我们仔细推敲，这种分类方式并不准确，其中还有交叉的地方。我们对某种文化了解得越多，对该文化的表述就有越多听起来像是泛泛之言。远观像是一个渐进的发展过程，但对于个人来说，这可能就是一个痛苦的理想破灭过程。相反，那些看似西方文化发展过程中的断层，实际上或许是一个相当温和的过程，跟其他许多变化一样并未对西方文化产生什么损害。不管怎样，如果要理解我们在这一主题中的定位，我们就需要某种框架，而这就是我们目前所拥有的框架。不过也不必把这个框架看得过重。

更近距离的考察

在上面提到的每一个宽泛的时期中，还可以作进一步的划分。例如，若从非常笼统的角度来理解古代世界，那么将希腊建筑与罗马建筑统称为"古典建筑"是十分恰当的，但若要再作更为详细的讨论，这样的说法就没什么助益了。古希腊建筑本身就有一个古典时期，即公元前5世纪，这一时期之前为初创时期，之后则为希腊化时期。罗马也有自己的初创时期，接着是共和时期，然后是帝国时期。这样一种划分既考虑了艺术上的变化，又考虑了政治上的变化。初创时期的作品未及后来的作品成熟，但是，希腊化时期以及罗马帝国时期都是政治意义上的时期，而政治活动对建筑产生了影响，因为在这两个时期中，财富都在日益增多，这就意味着一些建筑可以比以往建得更为奢华。

在中世纪，许多不同的建筑风格得到了发展。那些试图模仿罗马穹隆与拱券的教堂现在被称为"罗马风"建筑。后来使用了尖拱券和更富于装饰性的花饰窗格的教堂被称为"哥特式"建筑。哥特式建筑又进一步细分成不同的地方风格。在英格兰，我们发现有早期英格兰式、盛饰式与垂直式等风格。在法国，则存在盛期哥特、火焰纹哥特以及辐射式哥特风格。这些地方风格的名称大多源自描述建筑效果的概念，或是花饰窗格的式样。"罗马风"也将我们引回到建筑形式，而这些建筑形式又让人想起了古罗马的建筑。在英格兰以及法国的北部，"罗马风"建筑可以被称为"诺曼式"建筑，这是以兴建它们的诺曼底的那些领主来命名的，因而是对同一种建筑风格所起的"政治性"称谓。同样，"哥特式"这个名称也是政治性的，因为这一名称与一个族群，也就是摧毁罗马的"哥特人"有关。这个名字并没有告诉我们关于这一建筑风格的任何有用信息，但是，它却告诉了我们在这个名称被创造出来的17世纪，人们是如何看待这一类建筑的，虽然教堂建造者已经早已不再使用这种方式建造大教堂了。

同样，认为我们自己生活在文艺复兴的晚期这样一种想法已经不再能够令人满意了。在某个时间，某个地方，这样一个时代已经结束了，但是，结束的时间却难以确定。在伯鲁乃列斯基与阿尔伯蒂[1]（Alberti）冷峻严肃的作品之后出现的是伯尔尼尼[2]（Bernini）和博洛米尼[3]（Borromini）等的更具装饰效果的作品。后者是一种在古

1　阿尔伯蒂，莱昂·巴蒂斯塔（1404—1472），意大利建筑理论家、音乐家、数学家与作家，他的《建筑论》是继维特鲁威以后第一部具有深远影响的西方著作，他关于绘画、建筑和雕刻的论述将古典文艺的理念引入文艺复兴时期的艺术作品。

2　伯尔尼尼，乔瓦尼·洛伦佐（1598—1680），意大利雕塑家、画家和建筑家，巴洛克风格艺术的杰出代表，以其流畅、动感的雕塑，以及包括圣彼得大教堂在内的许多教堂的建筑设计而著称。

3　博洛米尼，弗朗切斯科（1599—1667），意大利巴洛克风格的著名建筑师与雕刻家。其经典作品是罗马的四喷泉圣卡洛教堂。

典的背景上覆盖了丰富装饰的作品，我们称之为巴洛克
风格。它在18世纪的法国与德国达到了发展的顶峰（图
11）。虽然巴洛克风格肯定是同一个传统的一部分，但是
其中存在着一类不同的艺术目的，因此也就有了一个不同
的风格名称。当建筑被剥去繁复的细部装饰外衣，古典风
格又再一次清楚地显现了出来时，人们对这种过分装饰的
做法作出了反应。这场被称为新古典主义的运动还受到在
希腊的考古发掘中所获得的新知识的滋养。这些考古发掘
使人们更加清晰地了解到了古希腊的建筑形式，这些形式
一直为官方所推崇，尽管那时它们还不是广为人知。

接着，到了18世纪末，一些与之前的古典主义成竞争
之势的古典风格流行开来，这些风格以对希腊与罗马建筑
的不同理解为基础，从主张造型严谨的多立克神庙那种纯
正的简单性，到亚当兄弟[1]（the Adam brothers）那些高度装
饰化的作品，不一而足。同时，还有一种日益增强的复兴
中世纪建筑的复古情绪，后来演化成了19世纪中叶的哥特
式复兴这一态度严肃的建筑风格（图5）；各种异域风情的

1　指18世纪英国著名建筑师罗伯特·亚当与詹姆斯·亚当兄弟二人，他们
主张一种"尚希腊"风格但具英格兰人欣赏趣味的建筑。

尝试也层出不穷，如布赖顿皇家亭阁[1]（Brighton Pavilion，图3）就是一例。自此而始，折中主义风潮开始兴起，在某些时期表现得尤为明显，这说明了这样一个事实：能在建筑上花费巨资的那些阶层的审美情趣不再是统一的了。如果说文艺复兴标志着社会权力从封建阶层转移到了商人阶层，那么折中主义的出现则标志着工业巨富的到来。那些通过东印度公司赚得盆满钵满的人，那些从西印度群岛的蔗糖种植园赚得大笔钱财的人，或者那些从英格兰的工业生产中发大财的人，不再受已有的贵族审美趣味的束缚，而是进行着各种个性化的尝试。尽管在瑞士建筑师勒·柯布西耶[2]（Le Corbusier）的倡导下，始自1928年，CIAM（*Congrès internationaux d'architecture moderne*，国际现代建筑协会）试图在20世纪中叶为现代建筑推行一种国际化的统一风格，但已不再有什么众口一词的统一标准。勒·柯布西耶对机器、轮船以及谷仓具有的诗意品质

1　布赖顿皇家亭阁是位于英格兰的一处海边皇家建筑，19世纪初由摄政王乔治四世的御用建筑师约翰·纳什参照印度式样在原有建筑的基础上改造而成。
2　勒·柯布西耶（1887—1965），瑞士裔法国建筑学家及建筑理论家，原名夏尔-爱德华·让纳雷，勒·柯布西耶是他的笔名。他是现代主义国际式建筑最有力的倡导者，提出了"房屋是居住的机器"的著名论断，并设计了大量功能主义的建筑，其最重要的建筑学著作是《走向新建筑》。

着迷，并将这些都作为他心目中新型建筑的原型。然而，尽管现代建筑运动（也叫"国际式风格"）推崇的建筑成为建筑杂志中的主流，这一风格却很少被（例如）住宅开发商采纳而应用于大众市场，在大众市场上真正占主导地位的是各种版本的乡土化建筑、仿都铎风格的建筑以及概念上的英国摄政时期风格的建筑。国际现代建筑协会把对现代建筑持不同看法的声音排斥在外，这才取得了一致意见，然而，这种一致意见在1959年也完全不存在了，因为从那时起，当代建筑在形式上的变化已经是五彩斑斓（图18, 19, 24, 25）。

用来指称过去几十年建筑的术语的意义一直在不断变换，因为出现的新建筑似乎需要打上新的标签。"后现代"这一术语被用来描述勒·柯布西耶后期的一些建筑作品，如朗香朝圣小教堂；这是一座具有显著的雕塑性质的建筑，也是一座明显摆脱了他早年所提倡的"机器美学"思想的建筑。然而，这一术语起初在建筑学界并未广受欢迎，直到后来查尔斯·詹克斯（Charles Jencks）出版了他的《后现代建筑语言》（1977）一书之后，情况才发生了变化。詹克斯将后现代主义与对建筑的意义的关注联系在了一起。然而，后现代这个词在使用过程中却不是那么精确。建筑界一度流行在现代建筑中利用显而易见的历史形式，特别是采取破坏这些历史形式原初效果的方式，例如，使用轻质的材料，运用夸张的巨大尺寸，或采用十分鲜亮的色彩；这一风尚使用了这个词来指代。这种类型的商业建筑在20世纪80年代出现在世界各地的许多城市中（图1）。自那时以来，建筑领域又出现了其他一些口号与宣言，但是它们直到如今还未具有能够给广大公众留下永久印象的名称。弗兰克·盖里[1]（Frank Gehry）设计的位于毕尔巴鄂[2]（Bilbao）的艺术博物馆可以被看作是解构主义（Deconstructivism）建筑的一个实例（图24），但是，要对这个术语作出解释确实超出了我们这样一本有关建筑学的提要性入门读本所能覆盖的范围。

1　弗兰克·盖里，著名解构主义建筑师，1929年生于加拿大安大略省的多伦多，先后毕业于南加利福尼亚大学与哈佛大学，西班牙毕尔巴鄂的古根海姆艺术博物馆是他最重要的作品之一。
2　毕尔巴鄂，西班牙北部一港口城市，位于比斯开湾附近，始建于公元1300年，是西班牙的重要港口和工业中心。

图1　美国电报与电话公司（AT&T）大楼，纽约（1978—1980）；建筑师：
　　　菲利普·约翰逊（Philip Johnson，1906年生）。菲利普·约翰逊曾参
　　　加过一个大获成功的名为"国际式风格"的展览，这个举办于1932年
　　　的展览将现代主义建筑引入了美国。他与密斯·凡·德·罗（Mies
　　　van der Rohe）一起参与了具有权威性影响的现代建筑西格拉姆大厦

关于后面的章节

本书后面各章以漫谈的形式展开，把人们对所选建筑实例的不同层面的不同看法呈现在读者面前。我在行文中的不同地方说明不同的观点时，总是尽可能地提及书中所包括的建筑实例，这可能会造成一种错觉，即夸大了这座建筑的重要性。书中所讨论的建筑并不是按照其建造时间的顺序，但是本书末尾有一个年表（第185页）供大家参考。值得注意的是，表中所列建筑并不是按照年代序列均匀分布的，它们大多是离我们这个时代较近的建筑，故而分布不成比例。

第二章从一系列距离我们这个时代相对较近的建筑开始向前回溯，将古典传统拼合起来，呈现在读者面前，

（图18）的设计工作。他的著述从整体上看推动了现代主义运动的发展，尽管在这一过程中他们之间也有一些嫌隙。他为美国电报与电话公司所做的设计采用了古典主题，如以天际线为背景的断裂的山花，这在当时看起来是非常令人震惊的。这一作品引起了轰动，建筑师本人还成了《时代》杂志的封面人物。这座建筑被认为是标志人们对建筑的态度的一个转折点，这无疑是正确的。在随后的岁月里，出现了许多更为色彩斑斓、更为花哨的设计，使得美国电报与电话公司大楼（现在归索尼公司所有）看起来反倒显得庄重与朴素。

这看起来似乎是一个有悖常理的组织材料的方法。事实上，这反映了我们拼合自己的传统的方式。我们以一座大家都非常熟悉的建筑为开端（在本书中是蒙蒂塞罗[1][Monticello]，杰斐逊的故居，是世界上参观人数最多的建筑之一），在历史上寻找这座建筑的原型。然后，我们再追寻原型的原型，一直向前追溯。接着，通常出现的情况是这一时序被反转了过来，我们开始向前推进，这就产生了一种叙事的原动力，并且这种原动力伴随着向前运动的思想，似乎整个传统的着力点都是为了促使最后的、最为成熟的创作之花的绽放。我们可以用这种历史叙述产生的效果来说服我们相信某种类型的建筑对将来或是对现在是正确的选择。如果我们从某一特定角度切近现在，那么，我们下一步将走向何处会很明显；如果我们换一个不同的角度，那么，我们下一步将走向别的地方。我在本书中竭力避免这一倾向，但是如果有人问我未来的建筑会是什么样子，那么我的回答是，未来的建筑可能会比以往任何时候都多样化。

1　蒙蒂塞罗，美国城市，前总统托马斯·杰斐逊（Thomas Jefferson，1743—1826）的家乡，那里有他为自己设计建造的罗马复兴风格的别墅。

从中世纪末以来，商业活动日益兴盛。生产能力与生产效率在日常生活中变得越来越重要，特别是在经过了工业革命以及后来的无线电通讯与信息革命之后。无论是什么商品，我们预料它以比100年前或10年前更快的速度进入我们的生活。无论是什么任务，我们预料它能够完成得更快、更省力。为了提高效率，我们将复杂的任务进行分解，于是我们每个人都变得更为专业。这就引起了知识的分解。我们的文化也有分解的趋势，以至于即使像电视之类的大众媒体，现在面向的也是更小众、更专化的受众，因为现在的电视频道比以往任何时候都多。在这种文化背景下，如果在建筑领域能够取得新的共识，那倒会令人称奇。建筑的通则与任何特定"高雅文化"的品位标准从来都不是一致的。建筑中的高雅文化传统是从精选出来的高品质建筑中拼凑出来的，这些建筑提醒我们：如果付出了卓绝的努力，就能够取得非凡的成就。一想到我们不必向另一个时代的考古学家解释我们周围实际拥有的为什么是那样一些建筑，我们就感到欣慰，而且我们对其中的大多数都视而不见。建筑总是在诉说真理，但其表达方式却很模糊，令人们有许多种可能的解读。曼彻斯特有一座新建的商业中心，其中庭的空间非常巨大，古典的柱子柱头镏金，看上去奢华无比，就像是古罗马最后时刻的一个场景。在我看来，建筑将和各种各样的精英传统与大众传统相关联，我们也会继续发现一些与世界各地不同的文化紧密相关的建筑出现在同一个地方。这种趋势表现得最为明显的地方就是新加坡，我在那里见到一个蒙古小餐馆，旁边是一家意大利-美国比萨饼店，对面是一座爱尔兰小酒馆。这些小店都位于一座商业休闲综合建筑里，而这个综合建筑由一座老式的殖民地建筑——圣婴基督女修院改建而成，其中的小礼拜堂至今仍在使用，尤用来举行婚礼，一排排闪亮的枝形吊灯把整个小礼拜堂照得灯火通明。

第一章

有意义的房屋

家（和路）

当我们到外面的世界闯荡时，我们会从家里出发，并会将遇到的那些新奇的事情与我们熟知的事情相比较。家负载有意义，因为家是我们认识世界的基础，与我们生活中最为私密的部分密切相关。家目睹了我们所受的羞辱和面临的困境，也看到了我们想展现给外人的形象。在我们最落魄的时候，家依然是我们的庇护所，因此我们在家里感到很安全，我们对家的感情惊人地强烈，虽然大多数时间这种感情并没有为我们所察觉。其他事物也可以让人有相同的感受，它们也能让我们有一种"在家里"的感觉。只要我们认为是熟悉的事物，即使是一些非物质的物品，如一首曲子，也会以某种方式在我们心中留下深深的烙

印，这样，从某种意义上说，这个熟悉的物品就会提醒我
们身在何处；如果这个物品方便携带，像一支曲子，或者
是像小说中的某个难忘的情节，或是像人应该如何行事才
算得上得体这样的看法，那么，这些物品也就说明了我们
是什么样的人。我们走到哪里都会"带上"这些非物质
的物品，也带上了对家的看法。我们把那个被称之为家
的房子留在了某个地方，当我们漂泊时，我们从家开始
漂泊。带着帐篷四处迁徙的游牧部落对家的理解则完全
不同，但是当"我们"（有一个固定不变的房屋的我们）
身处一个陌生的地方时，如果周围环境有一些熟悉的特
征，我们也会有一种在家的感觉，无论这个地方看起来是
不是像我们生活的地方。如果我内心深处期待家人或街坊
邻居就在我的身边，希望听到他们咿咿唔唔地忙着各自的
营生，那么，当我在一座孤寂的房子里，周围静得可怕的
时候，我就会有一种莫名的烦恼；或者晚上那大梁发出的
不熟悉的吱嘎声、管道那奇怪的咚咚声、猫头鹰的叫声或
夜晚那急匆匆的脚步声都会让我忧心忡忡。家包含许多方
面的内容，坚固的房屋只是家的一部分。对于我来说，家
最重要的一点是我了解它，在大多数时间里，我不会去想

这一点，只是在某些事情发生变化的时候才注意到，例如当我要搬家的时候，或是当家里来了陌生的客人，我不能够像往常一样自由自在行动的时候。我不得不承认，当我在屋子里走来走去的时候，如果我不想进去打搅他们，那么，客人所住房间的房门（暂时）就变得不一样了。商业旅馆尽量将房间布置成一个样子，这样，我们在整个连锁旅馆中，而不只是在某个旅馆中就会有一种在家的感觉，即使是身处遥远的陌生国度。我们知道自己希望在旅馆中找到些什么，也多少知道会在哪类旅馆中找到它，这样我们就能够不怎么受干扰地继续我们的生活，并与当地人的接触也是有限的，之后回到旅馆就像回到了一个临时的"家"。我们可以用我们的直觉来找到它，直觉会起作用。身处一种完全陌生的文化之中时总会有一些瞬间令人感到晕头转向，比如，一个衣衫不整的人在酒吧里称玛格丽特·撒切尔[1]（Margaret Thatcher）是他的母亲，也是你的母亲（他这样说似乎只是在向你表示友好），或是一辆

---

1 玛格丽特·撒切尔（1925年生），英国保守党政治家，曾任英国首相（1979—1990），在她执政期间以推进私有化进程，反通货膨胀，马岛战争（1982）以及通过广受争议的征收人头税等为特征。

摩托车飞驰到你身旁来个急刹车，然后令人摸不着头脑地
问，你为什么不坐出租车——在欧洲是不会有人问你这种
问题的。这些瞬间非常有意思，往往给人留下难以磨灭的
印象，但是它们同时也在提醒你，你正身处一个远离家门
的陌生之地，周围一切都不熟悉。难怪最出色的游记作者
原来都喜欢超现实主义的东西，这些东西可以转换成幽
默、焦虑或狂喜，但这都是经历了就过去了的一种心境，
永远也不是家让人想到的那份宁静与安详。

外出旅行是人生的一大快事，因为你不知道你会有什
么发现，会有什么样的新鲜刺激；回家也是一件令人愉快
的事情，但那却是另一种快乐。我们会发现，如果我们回
不了家，那比起我们从未打算要外出旅行来说会更让人忧
伤，因为**家**是如此重要的一个参照点。如果失去了家，我
们就会陷入无穷无尽的烦恼与困惑，直到我们找到一个新
的庇护所。搬家会让人产生一种不对劲儿的感觉，这种感
觉很模糊，但却又挥之不去，这种感觉与知道要去一个陌
生之地，但明天就能回来的感觉颇为不同。搬家意味着要
熟悉新环境，形成新的习惯，这就意味着你与过去的你有
所不同。房屋只是引起这种情绪的一部分原因。房屋里发

生了各种各样的事，既有实实在在的事，也有我们的心理活动，这些事影响了我们对那座房屋的感受。建筑就是指房屋的这一文化层面，这一文化层面既可以是非常私人的、独特的东西，也可以是大家都一致认同的东西。我们受到生长于其中的文化的影响，也受到我们参与其中的文化的影响，无论我们是不是想过这一点——大多数时间，我们根本不会去想这个问题。事实上，在家的时候我们最不会想的就是这一点。然而当我们外出旅行，看到别人全然不同的做事方式，我们会感到惶恐不安。在西方国家的购物中心，我们不希望与别人有身体接触，但若是在北非的露天市场，店主有时会伸出手来轻轻地拍拍你的肘，或是干脆揽住你的臂膀以吸引你的注意。每每遇到这种情况，我都会感到惊慌失措。这彻底颠覆了我心目中根深蒂固的有关得体举止的看法。由于所有店主都会这样做，就好像他们是串通好了似的，加上他们彼此说着那种我根本听不懂的诡秘语言，这更让我心疑。这种浅薄的多疑其实只需要很少一点知识或思考就可以化解，但是，内心深处的固有直觉总是会先于理性思考影响人的感受：我觉得受到了威胁，虽然我知道应该没有人会威胁我。我只得不停地告诫自己不要那样想。过一会儿之后这种感觉会逐渐减弱；反之，如果我是在那样一种文化中长大的，很明显这种行为就是**自然而然**的。同样，当我来到一座西方国家的购物中心时，我可能会感到奇怪，为什么所有的人都在躲着我：他们觉得我哪些地方做得不对？在建筑学中，如同在其他文化中一样，我们对**事情应该如何**的认识是从我们的经验中发展而来的。我们的每一个姿势都有意义，至于说这些姿势意味着什么则取决于理解这一姿势的文化。建筑就是房屋作出的姿态。

多样的文化

一种文化，就其在本书中的意义而言，并不需要涉及许多人。文化可能很含糊，又很博大。如果人们想要把欧洲文化与某种文化，如拉丁美洲文化相对比的话，就会发现欧洲文化的博大。同样，文化可能只涉及到有某些共同之处的几个人，因此，当一位教师或一位年长的亲戚说了些并没有低俗含义的话，但在这几个人看来却是一语双关时，他们不能笑出声，只会交换一下眼神，彼此会心地一笑。这里，同样一句话，在不同文化背景的人听来就有不同的意义。从这个意义上说，当我们与不同的人交往时，我们就会遇到不同的文化。我们在不同的环境中一般都会有不同的举动，这种不同并不是刻意而为。当处于熟悉的环境中时，我们知道应该怎样行事。我们对待非常熟悉的人的方式与对待陌生人的方式也有所不同，在公共交通工具上的坐姿与在自家沙发上的坐姿也截然不同。对朋友，我们会轻松而惬意地谈一些事情；对父母亲，则会谈论另外一些话题。对自己的行为是否得体我们会有一种把握，对建筑的处理也有一种度的把握。[1] 一些建筑显得非常得体，我们在看到这些建筑或进入其中时会觉得十分舒适，即使我们并没有太多地关注这些建筑。其他一些建筑则会显得古怪和荒谬。比如，如果一座私人住宅看起来像是热闹街道上的一家商铺，似乎是在吸引路人跨过门槛进去一探究竟，这就会令人感觉到这座住宅有什么地方不对劲。问题并不只是停留在路人老是走进这座私人住宅这个层

---

1 古罗马建筑理论家维特鲁威在《建筑十书》中所提出的有关建筑美的6条标准中，有一条即是"得体"，得体是涉及建筑造型与装饰的重要美学范畴之一，这里作者是将其与人的行为得体相譬喻。

面，因为如果不想让人进到房子里，只需将房门一锁便可
解决问题。然而，这座建筑的问题是文化层面上的问题：
作为住宅而言，这座建筑向人表错了情。

建筑变得复杂的一个原因是建筑对我们来说在各种不
同的方面都具有重要意义。例如，我所住的房屋，也就是
我称之为家的那所房子，对于我来说就负载了某种特殊的
意义，而这种意义对于那些不住在这所房屋中的人来说就
不存在。我对此表示理解，也不指望他们对我家的感受同
我自己的感受一样，虽然我可能希望他们像我对待自家的
房屋那样对待他们自己的房屋（当然，有时我可能错了，
因为事实上每一个人的感受都是不同的）。其他建筑似乎
特别漂亮，或是从某方面来说特别壮观。如果我被这些建
筑深深吸引，那么我可能会以为其他人会与我有同样的感
觉（就某些个例来说，我可能又错了，但是我会觉得这是
一个值得提出的问题）。还有其他一些建筑学领域公认的
名作，人人都知道这些建筑好。如果我并不觉得这样的
建筑有什么好，那么，我觉得应该保持沉默，因为好像
每个人都知道这是一座不同凡响的建筑，如果我不表示
赞同，那么，人们或许就会认为我的判断是错误的。这

些**经典**的作品将在第三章讨论。第二章将探讨建筑建造得彼此相像的方法，这样，建筑就负载了对特定文化中"熟知"该文化的人来说正确的信息。第一章，即本章，主要探讨建筑是如何与我们对自己身份的认识联系在一起的。

　　人们建造房屋是为了解决实际问题，但是，通常房屋不止解决了这些实际问题，而当房屋确实不止解决了实际问题的时候，我们就会称其为"建筑"，因为这些房屋具有了文化的维度。当然，只要我们稍加注意，任何房屋都可以有一个文化的维度，只是我们通常并没有特别注意这些房屋罢了。例如，当我给汽车加满油的时候，我不一定会把这座加油站想成是**建筑**，而只是把它当作一个还算有用的地方。但是，如果我认为加油站是具有重要文化意义的建筑，有关加油站的设计也值得研究，那么，我就可以开始把加油站看作是建筑了，因为它能够教我们如何看待汽车，让我们明白汽车是何等重要。

附加的价值，文化价值

　　在设计房屋的时候，建筑师不仅要注意房屋的实用性，而且还要关注房屋的文化价值，尽力设计出一个在某种意义上合适的造型。什么样的建筑才是合适的建筑呢，这得具体情况具体处理，取决于周围的建筑、使用的建构方法以及建筑的用途。一幢与郊区环境相得益彰的房子如果搬到市中心，就可能显得怪异。一座同样造型的建筑，若是用木料来建造，有可能给人简洁洗练的感觉，但若是用混凝土浇注而成就会显得不伦不类。一座功能完善的游泳馆建筑不一定会成为一座不错的图书馆——即使它可以当作图书馆来用，因为游泳馆的外观会令人产生误解。作出不同决定时需要考虑的不同因素就像是施加在建筑物上的力，把它往各个方向拽。如果建筑材料是决定建筑外形的最重要因素，那么建筑会是一个样子，但如果主要考虑的是在满足功能的前提下尽可能好地表现造型，那么建筑又将是另外一个样子。所有这些因素可以独立起作用，也可同时作用于一座建筑，因而，关注了其中的一个因素就意味着其他因素会受影响。有时候这个问题会变得更复杂，因为有些因素似乎比其他因素更重要。这里举一个大家常常购买的、比房屋小的东西——家具为例。

家具陈列于建筑物中，具有这样一些暗含之义：它似乎就是一件便携式的小型建筑作品。一些建筑师也设计家具。当我们装饰自己的住宅与公寓时，我们选择的东西会透露出我们是什么样的人这样一些信息。这一点大家都知道。电影制作人和小说家尤其擅长利用这一点，即通过描述人物的居住环境来展现人物的性格特点。詹姆斯·乔伊斯（James Joyce）在《憾事一桩》中对人物住所内昏暗场景的描述暗示了人物的心境，这种心境使他在爱情突然降临时一口拒绝了它：

　　他那没有铺地毯的房间里高高的墙上没有挂一张画。房间里的每一件家具都是他亲自买的：一副黑色铸铁床架，一个铁制的脸盆架，四把藤椅，一个挂衣架，一个煤桶，一个火炉围栏和熨斗，一个方桌，上面摆放一个带有斜面盖子和抽屉的写字台。在一个凹室中嵌了一个白木板做的书橱。床上罩了一幅白床单，床尾铺着一块黑色和猩红色相间的毯子。脸盆架上方挂着一面小镜子，白天的时候，壁炉架上摆放的唯一装饰物是一盏有着白色灯罩的灯。白木书架上的书是按照部头大小自下而上地摆放的。（詹姆斯·乔伊斯，引自《都柏林人》里的《憾事一桩》，1914年英国第一版，伦敦，密涅瓦，1992年，第93页。）

在电影《搏击俱乐部》中，那位没有名字的主人公完全淹没在消费社会中，这一点可以从他对自己公寓的精心布置中看出来：

每一样东西，包括你那套有些小气泡、瑕疵和沙粒的人工吹制的绿色玻璃器皿，说明它们是由不知什么地方的那些诚实、简朴、勤劳的当地土著人手工制作的，然而，这些器皿都在爆炸中毁了……

一枚炸弹，一枚巨型炸弹，把我那些精巧的Njurunda牌咖啡桌给毁了，这些咖啡桌是用柠檬绿色的阴与橙黄色的阳拼合成的圆形咖啡桌。可是，现在这些咖啡桌都变成了一堆碎片。

我的那套Haparanda牌组合沙发以及橙黄色的沙发套，都是埃里卡·佩卡里（Erika Pekkari）设计的，而现在这些都成了垃圾。

　　我并不是唯一一个爱给自己的家买这买那的人。我认识的那些常常在入厕时看黄色书的人，现在看的却是宜家的家具目录。

　　我们都有同样的Johanneshov牌扶手椅，上面带着Strinne绿色条纹图案，我的那把椅子燃烧着掉下了15层楼，掉进了下面的喷水池。

　　我们都有式样相同的Rislampa/Har牌纸罩灯，用金属丝和没有经过漂白的环保纸做成。我那盏灯的灯罩用的是五色彩纸……

　　买这些没用的东西花了我一生的时间。（查克·帕拉纽克[Chuck Palahniuk]，《搏击俱乐部》，纽约，诺顿，1996年，第43—44页。）

　　在大卫·芬彻（David Fincher）这部改编自小说的电影中，通过对人物居住环境的描写来表现人物的性格这一点被迅速、充分地表达出来。在影片中，爱德华·诺顿

（Ed Norton）扮演的无名人物环顾了一下公寓，通过他的
视角我们看到了这套公寓，呈现在我们眼前的是各种各样
的家具，一件又一件，还带着家具说明，这样我们可以看
出房间里的每一件东西被定价、被挑选并为之付了款。这
里要表达的意思是，这些家具不只是实用的家具，在上述
实例中这些家具被加以精确描述，因为它们的确不只是实
用的家具。在一部电影中，一把椅子决不仅仅是一把椅
子，还是了解人物内心的一个途径。同样，如果小说里有
对椅子的描述，那么，这把椅子肯定不只是让人坐的。当
然，爱德华·诺顿在他的公寓中也有椅子。如果没有特别
提到这一点，我们也会想当然地觉得肯定有椅子。在《搏
击俱乐部》中的那个人物是个病态的自省者，总是在问自
己一个正常人一般不会问，但广告商和小说家经常问的问
题："用什么样的餐桌椅才符合我的身份？"这个问题并不
荒唐，但是，通常不会有人这样问自己。当然，这个问题
听起来有点神经质，但也并不是毫无意义。能反映出总统
或皇帝身份的餐桌椅和反映保险公司职员身份的那种批量
生产的餐桌椅完全不同。但是，保险公司职员问的问题往
往会更实际或更含糊，他们会这样问："这件家具适合我

的公寓吗？这件家具摆在身边，我会感到愉快吗？它给人的感觉对吗？"如果我是一位皇帝，那么这个问题与私人品位没有太大关系，我更可能会这样问："我怎样才能通过家具来证明我不是一个保险公司的职员呢？"而这个问题的答案是：我该拥有一张保险公司职员想都不敢想的豪华餐桌。这样的餐桌在功能上可能比普通餐桌好不到哪儿去，但它除了是一张餐桌外，还会给人留下深刻印象，让人敬畏。人们可以想象，某个跨国公司的总裁渴望拥有一张曾经属于拿破仑的桌子，如果有地方出售，那么他会准备很多很多的钱来买下这张桌子。人们也可以想得到在他看来这些钱花得值。

姿态的创造

找到事物的姿态特点从而提升自己的身份并非只有追求奢华一个方法。一位苦行僧式的哲学家想要一张明显比普通餐桌更不起眼的餐桌，他这样做不是为了表明自己的身份低，而是为了显示自己的高尚情操。一位民主政府的总统需要在不同的场合有不同的表现，如在招待来访的国家领导人时需要表现王者风范，但在向选民表示亲善时要表现出绝对的平民气质。如果我们的国家领导人住的公寓里放的是廉价的、批量生产的家具，我们会感到没有面子。但如果政府花巨资装饰高标准住所我们也会感到愤愤不平。建筑的内部装饰会对人们的感觉产生影响，使人知道自己在建筑中怎样行事才是适当得体的，并且还能暗示居住者的身份与抱负。如果我们不在乎别人的想法，那么，建筑的内部装饰完全可以是一件私人的事情，只要装饰适合自己就行了，或者也可以是一件公开的事，可以在全世界范围内传播。

建筑的意义并不是一成不变的。例如，农夫建造的自用房屋并没有被看作是一种艺术的表现，只被当成是可以遮风避雨的遮蔽物而已（图2）。然而在浪漫主义诗人的眼里，这些乡村贫民那简简单单的农舍表现出了一种品质，那是在恶劣环境中顽强生存的优秀品质，这就意味着这些农舍被看成是具有了姿态。到了18世纪末，追求小尺度的乡村居所（cottages ornées）成为一种时尚。这些按照乡村农舍的样式设计的居所无疑应该被看作是一种艺术表现，而且是故意这样设计的。将农夫看作是美德与浪漫

图2　传统农舍，年代不确定，但应建于20世纪前；没有经过建筑师设计。
　　这间小屋是19世纪以前的贫苦农民自己建造的那类住宅建筑的典型实
　　例。他们的生活环境无疑很恶劣，但是，那些最糟糕的农舍是用土坯
　　建造的，早已不存于世。如本图所示，石头垒砌的屋子所用的石头或
　　是当地开采的，或是从田野中搬回来的。这种屋子太狭小了，无法满
　　足现代人的需要，但是，许多稍大一些的类似房屋通了电、装了现代
　　化的管道后至今仍在使用，这就使得这样的房屋与过去大不一样了。
　　在英国，大多数这样的农舍里住的是这样的人：他们不靠耕种农舍附
　　近的土地生活，他们或是在城里上班，或是从城里退休下来。因此可
　　以说大多数农舍已经成为了城市的一部分，虽然这些房屋看起来仍然
　　具有田园诗般的村野情趣。

的象征有着久远的传统，应该始自古代的某个时候。当公
元前1世纪的维吉尔（Virgil）在创作《田园诗》时就有这
个传统。对农业的这种浪漫诠释那时就已存在，这种诠释
之所以能够发展是因为在当时的社会存在着这样一个阶
层，他们不必每日从事农业劳动，因而可以不用近距离地
看清农业活动，因而认为农业活动让人羡慕，单纯而不世
俗。在"现代"世界，这种感受在建筑上最为著名的表现
当推玛丽-安托瓦内特（Marie-Antoinette）委托修建在凡
尔赛的小村舍，在这个村舍里她不再是世界上那个最金碧
辉煌的宫廷里处理事务的王后，而是可以假扮为一位普通
的挤奶女工，这样，她可以亲近自然，释放真性情。建筑
表达出了一种清纯、天真与顽皮皆有的姿态。另外一个例
子是布里斯托尔附近的一个叫布莱斯的小村落，由建筑师
约翰·纳什（John Nash）为布莱斯庄园的退休员工设计。
这里的住宅刻意建得很漂亮、管理得很好，充分体现了庄
园主的诚意和爱心。特别具有讽刺意味的是，纳什还承担
着一个要建成史上最奢华的王室宅邸的设计，这就是位于
布赖顿的皇家亭阁（图3）。即使是在这样小的插图中，图
2与图3也清楚地说明了两座建筑的居住者的地位。即使没

图3　皇家亭阁，布赖顿，英格兰（1815—1821）；建筑师：约翰·纳什（1752—1835）。这是史上修建的最刻意追求异国情调的建筑物之一。这座位于布赖顿的"亭阁"最初是为当时的威尔士亲王（Prince of Wales，后来的摄政王、乔治四世）建造的，规模要小许多，风格也更传统。"亭阁"这个名称来自法语中的一个古老词汇，意为"帐篷"。现在，该词通常指一些规模较小，并与室外活动有着密切联系的建筑物，因而，用这个词表述最初建造的那座建筑应该是再合适不过了，但是，这座在原址上向四处蔓延扩展的宫殿建筑并不能称得上真正的亭阁（虽然其中的一些屋顶仍采用了帐篷一样的造型）。约翰·纳什还设计了最初的伦敦摄政王大街以及白金汉宫（但并不是人们所熟悉的那个临街的外立面）。这座亭阁建筑的造型主题取自大英帝国的边远地区，它在室外用了印度式的穹顶和阳台，内部则用的是西化了的豪华中式装饰风格。

有任何建筑方面的专业知识，我们也知道该如何理解这些符号。即便我们认为布赖顿皇家亭阁比较普通，很明显的一点是它的造价绝不会低。实际上从风格上看，布赖顿皇家亭阁新奇而富于异国情调。皇家亭阁不仅奢华无比，而且它也愿意表现这种奢华。直到今天，参观者仍然会为布赖顿皇家亭阁表现出的对奢华的肆意追求所折服。皇家亭阁无视传统的得体风格的做法很有意思，与其居住者摄政王乔治四世无视传统的狂欢派对倒是十分相称。皇家亭阁的造型和功能结合之紧密让人惊讶。

奢华铺张也是古埃及大金字塔给人深刻印象的主要原因。建造这些金字塔耗费了大量的人力、物力，由此我们可以推断下令修建这些金字塔的统治者是多么强大、多么有权。我们有理由对金字塔建造者的独出心裁与高超技艺表示叹服，但是，如果不是建造得如此巨大（图4），这些金字塔也只是些无足轻重的纪念性建筑，只为业内人士所知。对那些我们觉得自己也能够做到的事情，我们不会有过多的印象，金字塔之所以被看成是世界上的一大奇迹是因为从纯粹的建造费用的角度来看，金字塔很难被模仿。如果一个国家的生产能力仅仅能够满足人民的基本生活需求，那么就不可能建造尺度这样宏大的建筑物。而且，如果这个国家的财富在社会中平均分配，那么，这样的纪念性建筑也不可能建成。一定是把国家的很大一部分财富投入到了这些建造工程中，这种意志的一致性意味着当时的政治结构允许一个人独揽大权。金字塔的建造是为了死后的生活与荣耀，因而可以看作是整个社会对未来的投资。布赖顿皇家亭阁的建造是为了现世的享乐。这两座建筑的共同点是它们都非同寻常，与各自社会中普通民众的日常生活都没有什么关联。金字塔和皇家亭阁对生产食物或有用商品之类的生产活动没有任何直接的帮助。这些生产活动一定是在各自所处社会的某个地方进行，但决不会在这两座耗费了无数资源的建筑中进行。金字塔与皇家亭阁给人深刻印象是因为这两座建筑清楚地表明它们耗费了大量资源——各种建筑材料被仔细地加工以实现精心设计的效果。

建筑常常指上述例子中给人深刻印象的房屋。按照这种思维方式，凡是给我们留下深刻印象的房屋都可以被称作是**建筑**，而那些不能给人们留下什么印象的房屋只能被称作**构筑物**。事实上，我们也许完全不需要给这些房屋取名字，因为它们可能都不在我们关注的范围之内。我

图4　胡夫大金字塔，吉萨，开罗附近，埃及（公元前2723—前2563）；建筑师：未知。埃及金字塔曾经令古代世界感到震惊，在现代世界则是神秘事物的代名词。这些金字塔建造在埃及的北部，是统治古代埃及的神王——法老的陵墓建筑。本图所示的金字塔是金字塔中最大的一座，是作为胡夫（Khufu）的陵寝而建造的，胡夫也以希腊人给他取的名字基奥普斯（Cheops）而著名。所有大金字塔都建自埃及的古王国时期，在那之后，埃及被南面500英里外的底比斯统治，法老被葬在帝王谷的洞窟式陵墓中。大金字塔巨大无比，消耗了当时社会无以数计的人力、物力——建设过程中没有使用任何滑轮或铁质工具之类的先进技术。那时的普通建筑是用土坯和木头建造的，早已灰飞烟灭，但金字塔却是为了流传千古而设计的。

想说明的是，**建筑**与**好房子**并不是一回事，**建筑**指的是所有房屋的文化属性，不管是好房屋还是差房屋。将材料堆砌在一起属于房屋的范畴，而这些房屋所表露出的姿态——铺张浪费、异国情调和勃勃生气——却属于建筑的范畴。如果简洁和粗犷就是房屋的特质，那么简洁和粗犷也属于建筑范畴。想一想**乡土建筑**，这一点就很容想明白了。**乡土建筑**这一术语指的是普通人修建的普通房屋，传统上是指农民给自己或邻居建造的普通房屋。如果我们以18世纪的庄园主的眼光来看这些房屋，那么我们会觉得这些房屋"简陋不堪"，只能吃饭、睡觉，没什么舒适性——虽然对于居住者来说，这些房屋包含了"家"这个词所具有的全部复杂内涵。如今当我们作为旅游者来到湖区[1]时，我们会将这些房屋看作是"乡土建筑"，是迷人风景的一个有机组成部分，而且受到法律保护。虽然这些房屋的实际构造没有太大变化，但人们的感受却起了变化，这种感受源于浪漫派诗人的影响，

1　湖泊地区，指英格兰西北部的一个风景区，包括坎布里亚山脉和大约15个湖。这一地区与19世纪英国湖畔诗人如著名的华兹华斯、柯勒律治等密切相关。

尤其是华兹华斯[1]（Wordsworth）的影响。这里要表达的意思是，这些房屋在当时建造的时候根本不是"建筑"，但是现在这些房屋成为了"建筑"。那些（建造房屋的）石头未曾移动过，是文化发生了变化。建筑不是房屋本身的一个属性，而是在某种文化背景中接触到的房屋的属性——当我们遇到一座房屋的时候总会使它带上这样或那样的文化色彩。这并不是说所有房屋都一样好，或同样重要，只是说每一座房屋都有它自己的文化属性，如果我们特别注意到了这一点，那么我们就会把那幢房屋看成是建筑。要是没有一些文化直觉，我们就感觉不到在一间小农舍中围着火炉吃饭的农民与在布赖顿皇家亭阁的宴会厅中狂欢享乐的贵族这两者之间有多大的不同——只是更多的食物、更多的噪音和更多的人而已。关于什么样的餐桌能够体现他们这类人的特点，那些农夫可能并没有形成一个有意识的判断，但是他们吃饭的样子，或者说狼吞虎咽的样子都充分说明了他们是什么样的人，他们过着什么样的生活。建筑与生活方式密切相关，通过对建筑的解读，我

---

1 威廉·华兹华斯（1770—1850），英国诗人，为建立英格兰诗歌的浪漫主义风格做了贡献，于1843年被授予桂冠诗人称号。

们可以对住户的生活作出推测。反过来说，我们要么刻意
选择一种能够反映我们是什么样的人的环境生活，要么发
现自己生活在这种环境中——它透露出的我们的性格特征
远比自己意识到的还要多。

地方性地标建筑

我们之所以认为周围环境给人的感觉对，一个原因是
出于对它们的熟悉。我们逐渐适应周围的环境并形成了自
己的习惯。即使周围环境与我们想做的事情相冲突，我们
也都习惯去处理这些问题。作为我们每日都会看到的景象
的一部分的建筑具有意义只是因为这些建筑一直就在那
里。对许多人来说，一座没有什么艺术特色的房屋也有可
能变得有意义且十分重要，其原因仅仅是因为它陪伴了他
们一生。同样，在我自己的居所我感觉轻松、自在，当我
看到一个熟悉的地标时我会有一种熟识的感觉，一些建筑
在设计时就考虑到要引起人们的这种感受。例如，对于费
城的居民来说，那座非常显眼的市政厅就让人有一种熟识
感。从艺术的角度而言，费城市政厅相当古怪，并没有引

起其他地方的建筑师的广泛模仿。它的重要性主要体现在地方性上，而在当地它的确非常重要，不可或缺。多年来，这座市政厅一直都是该市的最高建筑——市政厅塔楼的顶端立着费城的创始人威廉·潘（William Penn）的雕像。人们认为出于其象征意义，其他建筑的高度不应超过这位创始人的高度。市中心的街道是棋盘式布局，但这一布局却被建在市中心的市政厅打破——正是这座屹立于城市中心的建筑中断了狭长的街景，从老远的地方就能够看到这个市政厅。古怪的设计成就了这座建筑的唯一，让这个市政厅在世界上能够一下就被认出来。这不是一座普通的建筑，可以放在任何一个地方，可以与其他地方的建筑互换，只是碰巧出现在了费城。费城市政厅是一个象征性的定位点，费城以这个定位点为中心发展了起来。因此，这个市政厅就成了费城乃至整个宾夕法尼亚州的身份象征。

国家性纪念建筑

在国家的层面上，也会出现类似的情况，只是规模更大。作为国家象征的建筑应该更宏大，更为大众认可，因为这些建筑象征着这个国家，担负着与世界上其他国家相区别的重任。在华盛顿特区，国会大厦、白宫以及沿国会大厦前中轴线及两侧布置的纪念性建筑，都具有这种象征意义，它们的作用就是要反映该国在国际上的地位。在英国，起着同样作用的纪念性建筑是议会大厦（威斯敏斯特宫）、白金汉宫和沿着怀特霍尔[1]大街一直延伸到特拉法尔加广场的政府办公建筑。巴黎的纪念性建筑则明显不同，最具象征意义的纪念性建筑不是政府办公楼，而是一些文化建筑。从卢浮宫到凯旋门的香榭丽舍大道以及埃菲尔铁塔已成为比国民大会大厦和爱丽舍宫更能在海外代表法国形象的标志物。如果一个国家的首都没有历史上留下来的纪念性建筑，那么它就会特地设计一座，如在布达佩斯就有一个建筑作品成为各种文化的象征——基督教文化、异教新古典主义的文化和历史文化——以显示匈牙利人是野蛮剽悍的游牧民族的后代，但现在是文明世界中的一员。直到19世纪，意大利的各个城邦才统一成了一个国家，罗

---

1 又译作白厅，是伦敦的一条南北向大道，位于特拉法尔加广场与议会大厦之间，根据怀特霍尔官而命名（1529—1698），是英国法庭的主要所在地，以其为政府办公机构所在地而著名。

马那巨大的维克托·伊曼纽尔[1]纪念碑就是为纪念这一事件而设计的，以此来提醒所有意大利人他们有了一个共同的新身份，这个新身份与罗马帝国的历史有关。这些纪念性建筑分布在各国的都城中，它们不仅是首都人民的象征，更是全国人民的象征。

像威斯敏斯特宫这样的建筑具有双重身份。一方面作为议会所在地它必须满足议会集会的功能，另一方面，它还必须能够恰当地象征该国政策制定者这个团体的身份。威斯敏斯特宫所起的象征作用一般人都十分熟悉，人们也不难意识到这座建筑是伦敦"一景"（图5），但是，人们对其内部布局就不那么熟悉了。它的室内空间布局既复杂又十分合理——如果考虑到修建时人们对它的用途的设想的话。威斯敏斯特宫建成后情况发生了很大变化，建筑本身并没有促成这些变化的产生。这座建筑是沿中轴线布置的，在轴线的一端是英国国会上议院，而在轴线的另一端则是英国国会下议院的所在，两院之间有一个壮丽的拱形

1　这里指意大利国王。国王维克托·伊曼纽尔二世将意大利统一，而国王维克托·伊曼纽尔三世是意大利最后一位国王，二战时曾屈从于法西斯的淫威，在盟军登陆西西里岛时，他将墨索里尼逮捕。他于1946年逊位后流亡国外，后客死埃及。

图5 威斯敏斯特宫，伦敦，英国（1836—1868）；建筑师：查尔斯·巴里爵士（Sir Charles Barry, 1795—1860）和A.W. N. 普金（A.W. N. Pugin，1812—1852）。英国议会举行会议的老威斯敏斯特宫于1834年焚毁。在原址上修建了目前这个建筑，整座宫殿的布局由查尔斯·巴里爵士设计，奥古斯塔斯·普金不仅把建筑的外观设计成中世纪风格，连家具与壁纸也都是中世纪风格。整个宫殿的外部形象大家非常熟悉：具有浪漫色彩的侧面轮廓线和用嵌板覆盖的墙体，嵌板上的雕刻精细而复杂，但却是机械地重复。这个设计是通过竞赛选中的。竞赛规定设计必须具有中世纪的特征——从原有古建筑的残存部分，如威斯敏斯特厅中获得灵感。巴里获得了普金的帮助，因为普金对中世纪建筑非常感兴趣，他认为中世纪建筑是本土化的基督教建筑，与具有异教起源的古典主义建筑恰好形成对比。

屋顶大厅。在沿（泰晤士）河的那一侧布置着一条很长的廊道，通向一排委员会的房间。这些房间都是自然采光、自然通风，因为在建造威斯敏斯特宫时没有其他可行的选择。因此，为了实现自然采光与自然通风，威斯敏斯特宫布置了内院和采光井。规划是否理性会影响这座建筑作为议会大厦的功能，但是却与它的象征意义没有关系，这种象征意义让人联想到中世纪，从而表明这是对历史的一种延续。如此设计威斯敏斯特宫并不是要让人们把它看成是一座"创新性"的建筑。这座建筑取代了较早的一座具中世纪风格的议会建筑，然而，之所以在重建中延续这种风格，除了习惯使然外，还有其他方面的原因。哥特式建筑风格是在北部欧洲的基督教大教堂的建造中发展起来的，因此，相对于其他一些容易想到的形式，如古典主义的某些形式来说，哥特式建筑更像是本土建筑，因为这些古典形式都源自实行异教的希腊，是由古罗马的入侵者带到不列颠来的。在这里威斯敏斯特宫旨在用来帮助英国人确立自己的身份，这种身份根植于本土，表现了英国人的虔诚。由于我们还能认出其中许多的建筑姿态，象征意义似乎仍在起作用，虽然威斯敏斯特宫建好之后又经历了许多社会与文化的变迁。

一座建筑要作为一个国家的象征并非一定要考虑到该国对其古代身份的认识。当苏格兰需要一座新的建筑来召开国民大会时，它选择了恩里克·米拉利斯（Enric Miralles），一位来自巴塞罗那的前卫建筑师。这一选择旨在表明苏格兰并不保守、狭隘，而是在国际舞台上也拥有一席之地，是着眼于未来的。当勒·柯布西耶接受了他最大的项目委托，为旁遮普[1]邦设计首府昌迪加尔（图6）时也有类似考虑，即把旁遮普邦定位为现代世界的一员。从这个角度看，这项委托在国际上取得了巨大成功。在为昌迪加尔做设计前，勒·柯布西耶就对人们在如何进行城市建设方面产生了极大的影响。他最著名的城市设计构想是一个模型，在这个模型中，巴黎的林阴大道被推平，为网格式的巨型塔楼住宅让地方。不用说，这一构想是不会实现的。他的这些思想在拉丁美洲的影响更为直接，因为那里有快速崛起的城市以及可以使这些想法得以实现的中央

1　旁遮普，印度西北部的一个邦，与巴基斯坦相邻，史前印度文明的发祥地之一，莫卧儿人统治时期文化十分繁荣，公元1799年到1849年间被锡克教信徒控制。旁遮普邦首府昌迪加尔的城市规划及其中一些重要建筑，是由著名法国建筑师勒·柯布西耶规划设计的。

图6　昌迪加尔，旁遮普，印度（1950—1965）；建筑师：勒·柯布西耶
　　　（1887—1965）。勒·柯布西耶给这个新的行政首府做了一个总体规
　　　划，并设计了主要行政办公楼：邦政府办公厅大楼、高等法院和议会
　　　大厦。由于要考虑当地的某些气候问题，建筑中主要突出的就是一些
　　　遮阳设施，如在整座高等法院的上部悬着一个伞一样的屋顶。尽可能
　　　使用遮阳板环绕建筑物，同时促进通风也是必要的。一条河流被大坝
　　　拦腰截断，创造出了一个湖泊来帮助调节当地的气候。建筑物的组成
　　　仍然是勒·柯布西耶习惯使用的将方格网形式与自由雕刻元素相互交
　　　错的处理模式，并且使用的是当地工人浇注的混凝土。

集权式权力结构。但是，这些城市是由其他人设计的，而不是柯布西耶设计的。昌迪加尔是唯一一座由勒·柯布西耶设计并建成的城市，因而，全世界的人都对它期望甚高。柯布西耶在建造过程中遇到了某些挑战——一方面他要找到一些方法使他的设计能够在纷繁复杂的国际建筑界给人留下深刻印象，而另一方面他只能使用当地的建筑材料和工人，这就使得这座城市深深地植根在了这片土地上。

现代世界中的古埃及

设计者赋予一座建筑的象征意义与看到这座建筑的现代人所理解的象征意义并不总是一致。其所在的文化离你越远，这种不一致的情况越容易出现。例如，金字塔被看成是远古之谜的象征符号，这并不是因为金字塔设计者的设计意图就是如此，而是因为金字塔距离现代的理性主义是如此遥远，我们对它知之甚少。伏尔泰[1]（Voltaire）曾

1　伏尔泰（1694—1778），原名弗朗索瓦-玛丽·阿鲁埃，伏尔泰是他的笔名，法国哲学家和作家，启蒙时代的代表人物之一，常常攻击不公正和不宽容。他著有《查理十二世》（1731）和《路易十四时代》（1751）等。

嘲笑过古埃及人对猫和洋葱的崇拜。在西方文化中表现金
字塔时人们刻意渲染它的神秘色彩。在18世纪，共济会设
计了"埃及人"的仪式。古埃及认识问题上的一大飞跃出
现在19世纪，因为古埃及人的象形文字那时才第一次得到
破解。埃及的考古学研究取得了巨大的进展，古埃及社会
的一些层面现在已经了解得比较清楚。在一个延续了数百
年、且在其间没有任何明显的文化变迁的社会，其文化习
俗（无论在我们看来有多么怪异）无疑是被生活在当时的
人们当成最平淡无奇的事来经历。**当然**，祭司把自己扮成
神的样子，不过这是祭司分内的事。**显然**，一些神圣的仪
式在深夜举行——他们认为这是举行这类仪式的适当时
间。然而，在今天，大众的想象继续围绕过去对超自然
力、咒语和神秘知识的认识展开，并常常将这些认识与未
来的技术成就相联系。这样做的基本"原因"在于：既然
古埃及人取得了如此大的成就，他们一定是得到了先进技
术，如激光束或造访地球的宇宙飞船的帮助，由此人们很
容易想到也许古埃及人已经找到了起死回生之术。这类充
满想象力的传说在一些文学作品中被当成了事实（这类书
比那些学术研究著述要畅销数十倍，或成百上千倍），而

且还以一种完全虚构的方式出现在《夺宝奇兵》、《木乃伊》、《星际之门》和《第五元素》等多部电影中。这种形象对吸引现代观众来说显然十分有效，但是这些故事中的人物以及他们的思想并不为古埃及人所认同。但这并不是什么问题，至少算不上大问题，只要我们没有糊涂到认为可以通过观看这些电影来了解古埃及的地步。然而，这是一个容易犯的严重错误。这些电影告诉我们的只是现代人的白日梦，而不是古埃及的真实历史。法老的建筑当然有其意义，这一点从这些建筑建得如此用心、精确这一事实中就可以看出来。法老的建筑绝不是粗疏与偶然之作。但是，我们同样可以确定的一点是：这些建筑的原始意义已经不为我们今天的人所了解，试图重现这些意义只能算是一种臆测，永远也不可能像原来的建筑师那样有直觉感染力。原来的建筑师可能觉得他们在建造这些建筑的时候已经将特定的意义赋予其中了，但是随着时代的变迁与文明的衰亡，人们可以清晰地看到，法老的建筑中蕴含的意义已经发生了变化，这些意义不仅仅取决于那些石头，同时也取决于对法老的建筑加以解读的文化。

古典与哥特

　　那些长期以来始终如一地与西方传统中的美德和高贵思想密切相关的建筑就是古希腊的建筑，特别是雅典的帕提农神庙，因为帕提农神庙（图7）一直被视为艺术成就的一大高峰。雅典之所以在文化上具有重要地位，其中一个原因是雅典是许多伟大思想的发源地，这些思想至今仍为我们所接受——如民主思想、哲学思想等。建于雅典黄金时代的纪念性建筑，即公元前5世纪的纪念性建筑与西方社会的基本信念有关，正是由于这种关联，这些建筑具有无与伦比的权威性，即便是在这些建筑的实际形式还没有广为人知的时期，如18世纪，就是如此。在18世纪，这座古代的神圣殿堂被土耳其人用作军事用途——不是随便哪个人就可以进入军事基地的。在那之前，这些古代建筑的外观就不是十分清楚，因为人们进行了各种形式的扩建——如一些高塔和防御工事等。再来看古代，古典建筑被罗马人接受，罗马人按照自己的理解建造的古典建筑遍布罗马帝国的广袤大地——横贯欧洲，并延伸到非洲与中东地区。许多世纪以来，古典建筑有许多不同的版本，人

图7 帕提农神庙，雅典，希腊（公元前447—前436）；建筑师：伊克蒂诺[1]
（Ictinus）和卡利克拉特（Callicrates）与雕刻家菲迪亚斯[2]（Phidias）
共同合作完成。帕提农神庙是公元前5世纪（古希腊的"古典"时期）
以来所建造的规模最宏大的希腊神庙。从帕提农神庙精美的装饰与精
巧的处理来看这是一座奢华的建筑，但在一般的照片中，那些装饰与
精巧的处理是看不到的。当时请了最伟大的雕刻家菲迪亚斯来创作女
神雅典娜的雕像，也许还请他指导了建筑工程中的工作。神庙中有一
些非常精美的雕刻装饰，表现的是希腊人与半人半马的怪物以及强悍
的亚马孙人摔跤的情景，这些雕刻刻在方形嵌板上，从围绕整个建筑
的列柱上方可以看到。这座建筑的独特之处在于神庙的墙体上也有一
个刻有浅浮雕的中楣，表现的是一个盛大的行进队伍。整个建筑用可
以精确加工成型的坚硬的大理石建造而成。这座建筑中精致的视觉调
整处理比其他任何地方都要明显。所有的建筑线条看起来都是直线，
而其实这些线条略微有些弯曲。

---

1 伊克蒂诺，古希腊雅典著名建筑师，雅典卫城的主要建筑师，创作时期
在公元前5世纪，作品除了雅典卫城的帕提农神庙外，还有巴赛的阿波罗神
庙和伊壁鸠鲁神庙。
2 菲迪亚斯，古希腊雅典的著名雕塑家，曾负责监督帕提农神庙的建设工
程，并承担殿内雅典娜神像的雕塑，他所塑造的奥林匹亚宙斯雕像是当时
世界的七大奇观之一。

们以不同的方式来理解古典建筑，因此我们发现受到为
新独立的美国制定宪法的理念的启发，托马斯·杰斐逊[1]
在设计弗吉尼亚大学校园时就借鉴了古典主义建筑，因
为他看到了古典建筑中蕴含的民主与哲学思想；而阿尔
贝特·斯皮尔[2]（Albert Speer）在为希特勒的柏林做设计
时却极力渲染古典建筑中表现出的帝国的辉煌和盛大。
在19世纪较早时期的爱尔兰天主教徒中，对希腊古典主
义的向往成为了一种时尚，因为他们感觉到在为独立而
斗争的过程中与他们心心相印的不是古希腊人，而是现
代的希腊人。[3]

　　在西方建筑历史上，古典柱式及其装饰细部的使用频
繁地被加以复兴，因此，直到相当晚近以来，是否拥有这
些柱式与装饰或多或少成为是否属于西方建筑的标志，至
少曾被认为是这样。即使另外一种主要传统——我们现在

1　托马斯·杰斐逊（1743—1826），美国第三任总统，《独立宣言》的主要
起草人，有影响的政治家与哲学家。
2　阿尔贝特·斯皮尔（1905—1981），20世纪上半叶的德国建筑师，投靠
了纳粹集团，曾任希特勒的私人建筑师（1934—1945），并担任纳粹的军
备部长（1942—1945）。
3　19世纪初仍然在土耳其奥斯曼帝国统治之下的希腊，在欧洲的支持下，
开始了反对奥斯曼帝国的斗争，这场斗争旷日持久，直到1832年，希腊的
独立才获得正式承认。

称之为哥特式建筑的中世纪建筑——也是在人们试图与罗马人在纪念建筑上取得的成就一比高低的过程中发展起来的。北部欧洲那些建于10世纪至12世纪的带有拱券的教堂被称作"罗马风"建筑，这些建筑的建造受到了留存在比如勃艮第的罗马拱门与神庙建筑的遗迹的启发，正是在勃艮第的图尔尼，我们发现了中世纪的第一座拱券式教堂。随着时间的推移，中世纪建筑的含义经历了最意想不到的变化。中世纪最为壮观的纪念性建筑是宏伟的法国大教堂，如博格斯[1]（Bourges）大教堂，这些教堂建筑看上去就好像它的结构已经消隐，只有彩色的光在闪烁一样（图8）。对石头复杂、精巧的排列使得这一切成为可能——这些石头切割之精准，令人惊奇，切割完之后再由那些技术熟练的工匠砌筑在适当的位置。这些工匠会在建完一座大教堂后又赶往别处去建另外一座大教堂，在这个过程中他们积累了经验，而且技艺日益提高。虽然哥特式风格的各种要素都能够在"罗马风"教堂中找到，但人们通常认为大约是在1137年，哥特式风格以一种新的景象在

1　博格斯，法国中部城市，位于奥尔良东南偏南地区，曾是奥古斯都时期的罗马首府。

图8 圣艾蒂安大教堂，博格斯，法国（1190年始建）。在所有中世纪大教堂中，这是一座最能够表明建筑物是由一个光的栅笼所构成之思想的实例。教堂的西端相当坚实，几百个小雕像围绕着5个大小不等的出入口。在这些入口上方是两座不对称处理的塔楼。然而，教堂的其余部分却给人一种精确重复的印象——一个标准的开间形式，沿着教堂的完整长度不间断地排列，用最细微的差别来加以调整，以使其能够转到建筑物西端形成半圆。中殿的空间十分高敞，有39米（125英尺）之高，中殿的两侧是两个侧廊。阳光透过绘有《圣经》故事的彩色玻璃照进来，教堂内部十分敞亮。教堂外用以支持建筑物主体的扶壁柱很是显眼，看起来就像是一排气势恢宏的支柱；正是这些扶壁柱使得教堂内部给人一种失重而轻灵的幻觉效果。

巴黎附近极其富有的圣德尼教堂得以确立，当时的修道院院长絮热[1]（Suger）正在主持重建工程。当他被这座教堂那镶嵌着宝石的装饰与彩色的光影所环绕时，他描述了自己那欣喜若狂的心情："我看到了我自己的栖身之所，仿佛是在宇宙间的某个奇怪的地方，既不属于这污浊的大地，也不完全属于纯净的天堂。"从13世纪到15世纪，也曾出现过一些模仿这座教堂的建筑作品——一些尺度较小的教堂和更为朴素无华的建筑，没什么名气。

"哥特式"建筑的得名是在17世纪，但这却是一个侮辱性用语。哥特人、汪达尔人和匈奴人这几个日耳曼部落洗劫了罗马，并在公元5世纪摧毁了西罗马帝国。将这种建筑称作"哥特式"，就如同说它是"野蛮式"一样——也就是说，这是一种对文化进行野蛮摧残的形式。毋庸置疑，在这种文化氛围下，人们不会以认同的态度去看待这种建筑，也没有人对它进行过仔细分析。人们把所有非古典的建筑风格混在一起，认为它们只是一些杂乱无章、

1　絮热（1081—1151），巴黎附近的修道院院长，曾任法王路易六世与路易七世的顾问，并主管圣德尼教堂的重建工作，为哥特式建筑的发展做出过贡献。

毫无品位的大杂烩。Gothic这个词的这层含义在Gothic horror（哥特式恐怖）这种用法中保留了下来。的确，人们对中世纪的整个看法都与这种看待事物的方式有关。人们认为中世纪是古代文明与现代文明（参见第141页）之间的一个时代。最早对中世纪建筑进行研究的是那些古物爱好者，他们开始意识到历史上存在着各种不同风格的建筑，这些不同风格的建筑建造于不同的历史时期。后来在19世纪，一些建筑师使用了哥特式手法，例如为威斯敏斯特宫做细部设计的普金，但是，他更愿意把这种风格称为"尖拱券式或基督教式"，而不是"哥特式"，以便消除这一名称带来的负面联想。对像普金这样的建筑师来说，哥特式风格代表了一种极富理性的设计方法，它不仅仅是一种令人愉快的装饰风格，还是在建筑中体现道德和宗教的一种行事方式。在普金看来，哥特式建筑不仅是最好的，而且对具有高尚的基督教道德情操的设计者来说它也是唯一正统的建筑形式。

建筑的价值

人们可能会问"哥特的真正含义是什么?"但是,这个问题却没有一个令大家都满意的答案。当我遇到一座建筑时,如果我对它有某种反应,那么,就我个人而言我的反应是真实的,而我的反应方式将取决于我以往的经历。比如说,如果我是第一次走进一座哥特式教堂,我可能会感到迷惑或感动,会将这座教堂看作是一个神奇而又神秘的地方。如果我之前已经到过许多类似的教堂,那么我可能会觉得很熟悉,我会认为这座教堂与别的教堂差别不大,令人心里踏实。我不一定要知道设计者希望我有怎样的感受,但这并不是说经验对我一定没有意义。这一点值得详细说明,因为建筑师往往对此有不同看法。如果一位建筑师认为建筑设计是一项创造性的工作,那么最可能的结果就是,他会认为把真诚与信念带入设计中是最重要的事情,而在设计过程中猜测观众对作品的反应就没那么重要。事实上,如果设计时要考虑到人们的反应,这似乎意味着这种设计不太可靠。把设计当成是创造活动的建筑师设计出来的作品将深深地打上建筑师本人的烙印,因为

他们设计出的建筑就是建筑师心中认为本该如此的建筑，
而对别人观点的任何妥协与折中都是对其设计作品的弱化
和损害。通常也只有这样的建筑师才会受到其他建筑师的
尊重和仰慕。但对不赞成此观点的人来说，这种观点看起
来有点傲慢与偏执，但对赞成此观点的人来说，这样的建
筑师充满了灵气。反之，一位建筑师如果紧盯着观众的反
应进行创作，他承担的风险可能会少一些，往往会对文化
的变迁采取保守态度，因而委托人可能认为这样的建筑师
值得信赖，然而，他们却不会取得艺术上的成就，赢得荣
誉。这一类建筑师在数量上大大超过另一类建筑师，但我
们在建筑学书籍上见不到他们的影子，因为，尽管他们也
能满足社会对他们的总体要求，但在其他建筑师看来，他
们充其量算得上诚实、能干，但不是特别突出，或者说，
他们只是圆滑的、以盈利为目的的取巧者。全部的赞美留
给了这样的建筑师：为了实现自己的设计，他们设法将自
己的思想倾注于建筑之中，说服他人接受自己的观点。说
实话，这决不是一般的成就，因为出钱造房子的人通常最
有决定权，因此，建筑师需要具备的一项重要实践技能就
是要有说服力。

如我前面所说，房屋常常是非常昂贵的。一个人或一个机构委托建造房屋时总是希望能够确保所花的钱是经过了精打细算的，以期实现预期效果。如果一所学校委托建造一座游泳池，设若建成后能不用作游泳池，那么学校将会大失所望，肯定会提起诉讼。假如一个富豪要在花园的小山丘上建造一座无关紧要、但吸引眼球的建筑，如果这座建筑被设计得庄重而富有纪念性，那么这位建筑师也就算是失败了。建筑师怎样才能够说服他的委托人相信自己的设计没有超过预算呢？通常建筑师要用图片或模型向委托人解释这座建筑将是个什么样子，这样委托人就可以结合周围环境加以想象。在这个阶段，设计仍然可以修改，且不需要太多的花费。另一个办法是按照设计进行施工，如果需要的话再对房屋进行修改，但是，对我们大多数人来说，这样做在花费上是惊人的。巴伐利亚的路德维希二世[1]（Ludwig II of Bavaria）在阿尔卑斯山脚下建造

---

1 路德维希二世（1845—1886），1864年成为德国巴伐利亚国王，计划中有许多城堡建造的设想，但多没有实现，现代迪斯尼乐园中的"睡美人城堡"就是从他的故事中得到的灵感，1886年官方宣称他患有精神病，从而剥夺了他的权力，他也于当年逝世。

的那座并不很宏大却装饰华丽的宫殿建筑——林德霍夫[1]（Linderhof）时就是这样。但是，他的名字决不是审慎的代名词，他的会计师最后认为他疯了。一座建筑常常与我们所期望的那个样子有所不同，或许这是因为我们的邻居不允许有那样的设计存在，或者是因为某些更根本的原因，如受到材料强度的限制，或是因为物理学上的因素而使结构无法实现。在说服委托人相信自己的设计能够最大限度地满足它的功能时，建筑师主要有3种劝说技巧。

推理

第一种技巧就是要有经过推理的论据。不可能仅仅通过推理就能做出设计——在设计过程中，在某个时候总有一个创造性的飞跃，除非我们处在一个非常传统的社会，我们可能会决定把自己的房子建得跟我们知道的其他所有

---

1 林德霍夫，路德维希二世建造的隐蔽的打猎用的建筑，是一座具有法国式样的洛可可风格建筑，建于1878年，是他所建造的3座城堡宫殿中最小的，也唯一完成了的建筑。

住宅一样。即使是那时，人们这么做的原因并不真的是推
理的结果，而是因为对经验的重复。推理，从严格意义上
说，是指从一致同意的前提出发，得出必然的结论，但它
并不是进行建筑设计时唯一的思考方法，但如果要评价一
个设计的优点，推理却是不可或缺的。要说出一个设计出
色的理由应该是可能的，这就相当于证明这样设计出的房
屋将满足委托人的要求。在技术问题占统治地位的建筑
中，推理可能是为你的设计赢得认可的主要劝说形式。然
而，建筑常常是复杂的，有许多彼此影响的因素在共同
起作用。例如，如果我将一些窗子设计得大一些，以便
室内有更多的光线或能看到更多的景观，那么这座建筑
就更容易散热，因而也就有必要安装一个功率更高的加
热器。这种情况就出现在里特维尔德[1]（Gerrit Rietveld）
为施罗德夫人（Mrs Schröder）在乌得勒支所做的住宅设
计中（图9）。这座建筑所使用的中央供热系统通常用于
工业厂房的加热。该设备的花费就相当于当时乌得勒支
建造一座普通住宅的费用，这就使得施罗德住宅的造价

1　里特维尔德（1888—1964），20世纪初著名荷兰建筑师，风格派艺术的
代表人物之一，在建筑与家具设计方面都有较大的影响。

图9 施罗德住宅，乌得勒支，荷兰（1924）；建筑师：盖里·里特维尔德
（1888—1964）。这座小住宅在建造之初坐落在乌得勒支的边缘地带，
位于一排相当传统的住宅建筑的尽头，向外可以看到周围十分平阔的
乡村景观。这是为带着孩子的、寡居的施罗德夫人建造的，她委托里
特维尔德——一位家具设计师来进行设计，设计方案要与她的生活方
式相符。住宅的上层布置了一系列可折叠与滑动的隔断墙，这样既可
以形成一个大的开敞空间，也可隔成小间给个人一些私密空间，当然
只是视觉上的私密空间，因为这些隔断并不隔音。里特维尔德与风格
派艺术家关系密切，这座住宅的设计与风格派艺术家对形式的看法有
关，却与有关建筑或住宅的传统认识没有多少联系。施罗德住宅的外
观新颖、独特，但是，其建造手法却相当传统：墙是用砖砌筑的，抹
灰打底后再加以粉刷。

是当时与它同样大小的普通住宅造价的两倍。安装这一
加热器的决定一定是逻辑推理的结果，因为没有其他更
明显的原因了。考虑到这所住宅的新颖造型、向室外异
常大的开敞和因而产生的热量损耗，安装这台加热器的
决定无疑是合理的。然而，同样清楚的一点是，施罗德
住宅的整体造型并不仅仅是靠推理就能设计出来的——否
则人们可能会决定采用较小的窗子，从而拥有一座造价
和日常维护费用都不那么高的住宅。

信念

施罗德住宅在其建成之后的数十年间产生了巨大影
响，在建筑师眼里，这是最为人们所熟知的20世纪20年代
的建筑之一，虽然施罗德住宅尺度很小，又坐落在一个不
起眼的地方——在一个小国的一个外省的市中心之外。如
果当初人们就知道这座建筑可以令施罗德的名字流芳百
世，那么，这可能会成为如此建造这座建筑一个理由，但
是，毫无疑问的是，建筑物的声誉无法事先估计。这种形
式的理由在施罗德夫人决定建造这座房屋的那个时代是缺

乏理性的。说服她接受这一设计的原因更可能是因为里特维尔德个人对设计的确信不移。这位委托人对于自己应该在这座建筑中过什么样的生活有着很明确的看法。每一间卧室可以用作一间小的起居室，如果将薄薄的隔板做成的隔墙平折起来，所有的房间就可以变成一个大的空间。当这一大间屋子被分隔成小间的时候，每一间屋子都有一个通向外面的门，屋内也都有一个盥洗池。这不只是一座设计者进行艺术冒险的普通住宅——做这样的设计是为了适应一种新的生活方式。不管怎样，施罗德住宅之所以建成现在这个样子，是因为里特维尔德受到了风格派艺术家（其中包括画家蒙特里安[Mondrian]）的影响，并且把他在家具设计方面的经验带到了建筑中：他遵循将线条与块面以直角的方式相互交错以及使用单纯的原色的设计原则。这些设计原则看起来很古怪，不能采用，但里特维尔德就采用了这些原则。我们在这里不必详述他这样设计的理由，但其中一个原因就是他相信通过这些方式一个人可以直接影响灵魂的状态。施罗德夫人很可能也有这些信念，这样她可能已经被逻辑推理说服而接受这一设计。但是，如果她没有接受里特维尔德的种种前提，而是被他那坚定的决心所打动，并且相信他能够有所成就，那么说服她的是另一种更为常用的方式，只不过我们没有意识到罢了。事实上，这种方式与说服别人相信自己是处理这件事的权威有一样的效果，这种方式一般表现为"相信我，在这件事情上我比你有更好的判断力"。

诱惑

第三种劝说方式也有所不同，因为它不需要权威，而是要迷住委托人让他们将批评搁置一旁。委托人被吸引也许是因为这个设计非常有吸引力，或是因为这位建筑师很有魅力。事实上，建筑师诱惑了委托人或委托人妻子的事例并不鲜见。弗兰克·劳埃德·赖特[1]（Frank Lloyd Wright）就与他的一个委托人的妻子私奔了，其结果是不得不放弃了家庭以及他成功的建筑设计事业。像他这样的事不止一件。其实里特维尔德与施罗德夫人关系也很密

---

[1] 弗兰克·劳埃德·赖特（1867—1959），美国著名现代建筑师，以其20世纪初在美国设计的"草原式住宅"而闻名于世，曾提出"广亩城市"和"乌索比亚"住宅及有机建筑等思想，其最具影响力的作品是美国宾夕法尼亚州的"流水别墅"。

切，他在她住宅的车库中建了一个工作室，并在那里展出
他的家具设计。诱惑者实际上会说"听我的吧，这是我想
要的设计，你会喜欢的，因为这是我的作品"。权威和魅
力之所以具有说服力是因为权威能够教导委托人停止推
理、接受建议，魅力则以更温和的方式劝说委托人停止推
理，接受建议。个人比委员会更容易受到影响，相应的，
由委员会委托建造的建筑就没那么有个性，理性成分更
多。一个住宅委员会决不会委托施罗德住宅这样的设计，
除非这个委员会是专门为推广风格派艺术理想而组建的。

意义的多样性

这座小住宅充分说明了一座建筑可以以不同的方式展
现其意义。对于在这座房子中长大的孩子们来说，它虽然
不同寻常，但这里是家，是上了一天学后可以回去的舒
适、安稳的地方。对于寡居的施罗德夫人来说，这是她重
新开始的地方，是在英年早逝的丈夫去世之后新生活的开
始。对于里特维尔德来说，这是一个机会，让他在一个前
所未有的尺度上实现他与他的艺术家朋友们一直在探索的

理念，该做的他也都做了。在周围的邻居们看来，这座住宅一度显得十分古怪，无法解释，甚至在刚开始的时候这座房屋对于他们来说毫无意义，但是，施罗德住宅成为小镇边缘面对着一片平坦的开阔地带（如它当时那样）的一座地标性建筑，这样他们才逐渐熟悉了它。无论施罗德住宅具有什么样的意义，在21世纪的今天它看起来"领先于它的时代"。如果我们认为可以根据建筑的风格猜出其建造年代，那么看到这样一座建筑，我们当然会猜其建造年代应该是在1924年后的某个时间，并且也会为它明确无误的先见之明所叹服。从另一个方面来说，我们或许会考察这座建筑的燃料消耗水平，从环保的角度来看我们可能会批评这座建筑。施罗德住宅只是一座小小的住宅建筑，却引发了如此多的不同反应，因此人们对它的感情也不同。当我们遇到一座房屋，并赋予了这座房屋一种文化时建筑就产生了，因此我们可以说这样一座房屋归属于或是产生了许多建筑，因为这座房屋不止在一种文化语境中表了态。如果我们将施罗德住宅看作是一个有关家的建筑作品，那么它就是使住户感到自由和解脱的一种姿态，在这里住户可以创造他们的生活，把自己从中产阶级家庭的传

统束缚中解放出来。如果我们将施罗德住宅看作是乌得勒
支城市建筑中的一个元素，那么我们会认为它的这种姿态
是为了吸引人注意，就像是过去城门口立的门柱那样起着
标志性的作用，这种做法在这座建筑的所在地——小镇边
缘是受欢迎的。如果我们将施罗德住宅看作是现代主义建
筑发展过程中的一部分，那么，这座建筑的姿态极其重
要，标志着突显建筑物的艺术性的重要时刻的到来，尽管
施罗德住宅的造型并不是从更早的建筑中发展而来的，而
是从一些更为抽象的思想中衍生出来的。这些意义之中哪
一个才是施罗德住宅的真实意义呢？可以说，它们都是，
但是其中没有哪一种含义与建筑师直接相关。如果我们想
知道施罗德住宅对于那位建筑师的意义，那么，我们需
要让自己沉浸于神智学的文学作品中去了解布拉瓦茨基
夫人[1]（Madame Blavatsky）有关精神世界的描述。当今时
代，没有多少人会这样做，但是，即使我们确实能够重新
找到里特维尔德对这座建筑最原初的理解，也不能因此说

1　布拉瓦茨基，海伦娜·彼得罗夫娜·哈恩（1831—1891），俄裔女通神
学者，1875年在纽约创立通神学会，著有有关超自然学说的书，如《揭开
面纱的伊希斯》（1877）。

其他解读无效、没有意义。

随着社会变得更加复杂，文化也更加多元化，事先理解一座建筑对于将要使用这座建筑的人来说究竟意味着什么变得越来越困难。如果建筑师与这座建筑的使用者来自同一个社会阶层，那么人们对建筑姿态的理解很可能与建筑师的理解相一致。然而，任何一个公共建筑的使用者都来自不同的阶层，有着不同的背景，因此他们对建筑的反应就会不同。只要这些反应都在一个合理的范围之内，那么存在着这些不同并不是问题，但是，假如一个现代社会的公务人员打算修建一个像布赖顿皇家亭阁那样的房子，那么，无论这钱是由政府出，或是从什么地方借来的（如当时的威尔士亲王建造布赖顿皇家亭阁时所做的那样），现在肯定会引起公众的强烈反对，因为很难弄清楚后殖民主义文化背景下的东方式样应该是个什么样子。布赖顿皇家亭阁或可被看作是某种重的少数族裔文化的体现，也可以被看成是对失落的帝国的怀念，但是，无论怎么看布赖顿皇家亭阁现在都暗含了强烈的其他意义，这些意义是在建造皇家亭阁时所不曾具有的。皇家亭阁所具有的某些暗含之义在今天看来是不可原谅的，但对于当时接触这座建筑的人来说则可以接受。但是，假如皇家亭阁是今日所造，则会引起骚乱和某些人的辞职。维多利亚女王（Queen Victoria）讨厌皇家亭阁以及它所代表的女王形象。这种厌恶情绪不仅仅是因为皇家亭阁的建筑风格，还因为它旨在代表的生活方式——那是一种奢侈夸张与放浪不羁的生活，这种生活与维多利亚女王决心要表现的君主制形象大相径庭。正是在维多利亚女王时代，作为公正与虔诚的象征的威斯敏斯特宫得以重建，与她所希望看到的那种政府的形象相符。最近威斯敏斯特宫的上议院大法官套房进行重新装修，所花费的金钱对于大众媒体来说简直就是天文数字，但如果考虑到币值的变化，那么那次装修的花费还没有最初建造时的花销大。而威斯敏斯特宫的初衷就是要表现宏伟壮丽，而不是简朴节约，这样才与它扮演的角色相符。

与过去相比，现在的公共建筑更有必要向普通民众证明自己的存在是合理的。我们仍然承认受过良好教育的社会精英对建筑的意义与价值的感受还具有一定价值，但是，随着民主思想的广泛传播，看来也有必要让普通大众发表对建筑的看法与感受。英国皇家建筑师学会2000年至

2001年斯特林奖（Stirling Prize，这种奖可能还会颁发）的颁奖就清楚地说明了这一点。这次获奖的建筑作品是由专家组成的评议组评定的。评奖结果在电视这个典型的平民媒体上进行了公示——电视台对观众进行了民意调查，让人们从备选建筑中选出自己最喜欢的作品。接着发生的事是：当宣布了大众的评选结果后不久又宣布了由专家选定的"真正"的获奖者，这两个结果完全不同。我们并不是生活在一个统一的文化之中，也没有一个统一的方法来确定我们——作为整体的社会的看法就正确。在一个公开的地方对两种彼此对立的方法所得出的结果进行比较是罕见的，因为这两种方法互不相容，其中一种方法往往会使另一种方法变得无效。在审美趣味方面，我们不太可能像上一代人那样对专家的意见言听计从，从民主的角度来看，这显然是一件好事情，但对艺术而言就未必，因为这会造成判断上的粗俗化，是对庸俗的支持。我知道我的意思并不是说最大众化的东西就一定是最好的，但是，在我们这个社会中大众化的东西也有影响力，因为大众化的东西往往拥有市场，当然，有时稀有的、非同寻常的东西的确能够获得公众的赞同与喝彩。那么，我们讨论的对象，

图10　流水别墅，熊跑谷，宾夕法尼亚（1936—1939）；建筑师：弗兰
　　　克·劳埃德·赖特（1867—1959）。一定要有非同寻常的信心才能
　　　相信建造这样一座建筑是可行的——这座建筑凌空飞跃于森林深处
　　　的瀑布上方——委托这项设计的是一个富有的商人，意欲把此地
　　　作为度假别墅，但他也有些犹豫是否要按照赖特的设计在出挑的阳
　　　台上贴满金箔。起居室感觉与自然景观十分接近，既体现在流水的
　　　声音无处不在，还体现在主起居室内有高低不平的岩石。从前门看
　　　过去，这座房屋与周围的自然景观浑然一体，但是，从瀑布下面这
　　　个角度望去的景观是最知名的。赖特最大限度地利用了混凝土的特
　　　点，这座建筑物有些下陷，需要大量修复工作以使其保持良好的视
　　　觉效果。流水别墅对住宅设计的大胆探索一直令人叹为观止。

不论是凡·高（Van Gogh）的《向日葵》，还是弗兰克·劳埃德·赖特的"流水别墅"（图10），不仅本身令人愉悦，也赋予其所有者地位，因此，如果将其投放入市场，它的价值就会高于它的造价。

由于每个人以前遇到的建筑都不同，因此我们对建筑的确切反应也各不相同。由于接触的文化不同，不同的建筑给我们的感受也不同，有的可能给我们留下深刻印象，有的可能让我们惊愕，但姑且不论这些建筑的风格与审美品位，我们还会对建筑暗含的生活方式作出反应——不论这种生活方式让人感到充满生气，还是令人沮丧，还是感到卑贱或是没有安全感，也不论这种生活方式是让人燃起新的希望，或是让人想起一些曾经有过美好回忆的地方。我们既对建筑这些方面的内容作出反应，虽然这些内容并不是建筑本身所固有的，也对我们看到的抽象造型作出反应。

第二章

西方传统的兴起

一些特殊的地方

在古希腊，坐落在帕那塞斯山[1]（Mount Parnassus）山脚坡地上的德尔斐[2]（Delphi）神庙是最为神圣的地方之一。这座神庙是阿波罗神（Apollo）和9位激发了艺术家灵感的缪斯神（Muses）的栖居之所。这座神庙还能让人产生其他更为遥远的联想，自从蛇被看成是神圣之物的远古以来它一直被用作拜神的地方。这里没有城市，但建筑却日益增多，其中许多建筑都是构成希腊联盟的各个城

1　帕那塞斯山，希腊中部的一座神山，海拔约2,458米，位于科林斯海湾的北岸，古希腊时是阿波罗神、狄俄尼索斯神和缪斯神的圣地，德尔斐就在这座山的山脚下。

2　德尔斐城，位于希腊中部的一座古城，其年代可以追溯至公元前17世纪，那里有阿波罗神庙等建筑，曾是希腊著名而神圣的聆听神谕之所。

邦赠送来的礼物。讲希腊语的人从各个地方来到这里求神谕：这是一个神秘的过程，在这一过程中一名女祭司从燃烧的月桂树树叶中吸入迷醉人的烟雾，口中呜呜咽咽地发出一连串声音，这些声音被在场的祭司转换成简短却含义隐晦的预言。这里还同时存在着一组非同寻常之物。外面，坐落在那令人叹为观止的自然风景中的是一些在艺术上很成熟的建筑、优雅的雕像和附属于神庙的娱乐性建筑——一座露天体育场和一个剧场。但是，神庙内部却有一种宗教的神秘感，使得理性要屈从于疯狂的幻觉。人们认为这座神庙的基址是大地的肚脐，很久以前与一条脐带相连，因而从某种意义上说，这座神庙就是世界的中心。神庙里保存了一块古老的刻石，叫作"中心石"（omphalos），它竖立在地上，被雕刻出来的"绷带"束缚住，显然是在模仿一块更为古老的、曾在庄严的仪式中被真正的绷带缠绕过的石头。这是一个特殊的地方，是一个朝圣之地。这意味着在供奉阿波罗的神庙还在建造的古典时代到来之前，德尔斐的祭司们对于整个希腊语世界正在发生的事有着异常深入的了解，因此能够提供政治方面的建议。祈求神谕的迷信做法之所以有效，一部分原因是因为解释那些神秘怪异的呜咽之声的人对时事了如指掌。这里的建筑，包括一些非常优秀的建筑，具有各种各样的功能——标出地球的中心，为神秘的神谕传达者提供住所，保证来自各个城邦的祭品的安全（许多建筑本身也是祭献之物），为来访者和祭司提供住所，并开展体育运动和上演戏剧使他们得到娱乐。

现在，最著名的希腊神庙保存在雅典卫城——耸立在宽阔的河谷地带上的一块岩石台地。在远古的时候，卫城是一个筑有防御工事的要塞，但是在古典时代到来之前，卫城已经变成了一个宗教圣地。与德尔斐一样，卫城也出现了许多建筑，其中最著名的就是帕提农神庙（图7），这座建筑名闻天下，代表了建筑艺术的最高成就。帕提农神庙用大理石块砌筑而成，其建造之精确令人称奇，其造型非常优雅而精准，它是雅典卫城的一座艺术高峰。然而，卫城中最为神圣的建筑是伊瑞克先[1]（Erechtheion）神庙——一座颇为奇特的不对称造型建筑，它看上去就像是被向上推挤而成的，这是因为它不得不考

1　雅典卫城内偏北的一座神庙建筑，是由古希腊建筑家菲狄亚斯等人建造的，建筑立面上使用了著名的女像柱。

虑其所在基址各种不可改变的地形特征。比如，一位古代雅典国王的墓坐落在这里，岩石上还有一道"伤痕"，那是海神波塞冬（Poseidon）与女神雅典娜（Athena）打斗时用他的三叉戟和一个霹雳，劈落在大地上留下的。有的故事讲这座古老的城市受到大海的眷顾，也得到了雅典娜这位战争女神所赐予的橄榄树的恩惠。当要决定这座城市究竟应该属于谁时，两位神打了起来，结果当然是雅典娜获得了胜利，这也是雅典城得名的原因。伊瑞克先神庙有一个院子，院里有棵橄榄树，据说这棵树是雅典娜带到这座城市的那棵橄榄树繁衍而来的。院子里还有一个由发明家代达罗斯（Daedalus）制作的折叠凳。代达罗斯曾经在克里特岛建造了迷宫，迷宫中住的就是那位半人半牛的弥诺陶洛斯[1]（Minotaur，这个怪物的形象是由代达罗斯设计的）。后来，代达罗斯和他的儿子伊卡洛斯[2]（Icarus）被囚禁在迷宫中。代达罗斯为自己和儿子制作了能够让他们飞

1　弥诺陶洛斯，希腊神话中牛首人身的怪物，据说住在克里特岛的迷宫中，并将雅典城进贡来的童男童女一一吃掉，这个怪物最后被忒修斯杀死。
2　伊卡洛斯，古希腊发明家代达罗斯的儿子，他用他父亲制作的人工翅膀逃离克里特的迷宫时，由于离太阳太近而致使粘翅膀用的蜡熔化而掉进了爱琴海。

走的翅膀才得以逃出迷宫。让人感到诧异的是，这个故事中关于伊卡洛斯飞得太高以至于最后遭遇不幸的情节广为流传，而代达罗斯自己成功逃脱牢狱的故事却鲜为人知。对于我们来说，这完全是神话故事，并不是历史事实，但是，伊瑞克先神庙里却有一个制作精巧的折叠凳，这显然是某个人做的。还有其他一些类似遗存——非常古老、起源具有神话色彩——这就使得伊瑞克先神庙成为物藏非常丰富的宝库，可以证明这座城市神圣且在文化上具有权威。神庙所处位置的自然特征使这座神庙非同一般，而神庙内部那些可移动的文物遗存则提升了神庙的地位，自然特征与可移动的文物相得益彰。正是放置在这座特别不寻常的神庙中的那些文物进一步彰显了它的崇高地位。

当一块基址以这种方式受到推崇时，人们常常会认为有必要在其上建造造价昂贵、设计精美的建筑，唯有这样才能突显该场所的重要性。沙特尔[1]（Chartres）大教堂就是一个很好的例子，只不过出现在不同时间、不同地点的

---

1 沙特尔，位于法国北部巴黎西南方的一座城市，城内建造于12世纪的大教堂为法国哥特式建筑中的佼佼者，以其彩色玻璃和不对称的钟塔尖顶而著名。

文化中罢了。沙特尔大教堂建于12世纪的法国，建筑基址
坐落在一眼圣泉上，这显然是早在基督教兴起之前就已经
存在的一个礼拜场所。教堂布置在圣泉之上，但是教堂的
权威性却因一个可以移动的古代遗存的存在而提高，那
就是教堂珍藏的一段丝绸织物，由圣母马利亚（Virgin
Mary）诞下耶稣基督（Christ）时所穿。今天，这段丝
绸织物仍然陈列在大教堂中，虽然它不再像中世纪时那样
在文化上具有重要性。建在这里的建筑非同寻常。人们曾
经试图重建教堂，但在工程完工之前发生了一场火灾，
当局得出结论说，那是因为教堂建造得不够宏伟华丽，
于是，人们又考虑重建，最后落成的教堂更为奢华。这就
是"哥特式"风格大尺度建筑物的最早实例之一，建筑中
使用了尖拱券和大面积的彩色玻璃窗。尖顶塔楼的做法就
是在这座大教堂中发明的——这在当时标志着人类的想象
力又向前迈出了一大步。在这里，创造一个巨大的、用石
板瓦铺饰屋面的、直插云霄的尖锥顶——远远高于该镇其
他建筑，从方圆几十英里外的农田都可以看到——这似乎
不仅具有技术上的可能性，而且还值得为之去努力。这一
建造思想传播开去。尖顶并没有十分明确的实际用途，但

这却是能够令人们感到震撼与惊叹的一种新手法。沙特尔的自然景观原本就足以令人陶醉，但却没有什么值得惊叹的地方，是建筑以一种引人注目的方式来为神圣之地加盖遮蔽之所，从而帮助弥补了这部大自然舞台剧中的缺憾之处。沙特尔大教堂的室内空间也同样不平凡，采用了一群工匠在为巴黎的圣德尼修道院院长絮热工作时所制定的设计思想。（现在的圣德尼地区以其作为法兰西大球场的所在地最为著名，1998年法国人在这里捧起了大力神杯，坐地铁可以很容易到达此地。）据说，圣德尼修道院的奠基之地是巴黎的第一任主教丹尼斯（Denis）选中的地方：他因为信仰而被杀害于蒙马特的山上，之后提着自己的头颅走到了这个地方——他在这样一种状态下走的这段路程确实是很艰难。同样圣德尼修道院也有非常古老的渊源，但是它得到了极其丰厚的捐赠并具有十分崇高的地位却是因为很多法兰西国王死后葬在这里。正是在这座教堂中采用的石头拱券砌筑方法，使得大面积的彩色镶嵌玻璃画成为建筑中的控制性景观，并在建筑物之外使用飞扶壁，使拱券凌空而起依托在建筑物之上，从而托扶住建筑物的主体，使其孑然屹立。通过采用这些支撑物，墙

体中的大量石材可以省略不用，却并不会对墙体的稳固
性造成任何致命的伤害。这些支撑物在博格斯的圣艾蒂
安大教堂（图8）中运用到了极致，从某些角度望过去，
圣艾蒂安大教堂就像是完全由飞扶壁构成的一样。这样的
结构产生的室内景观令人叹为观止，因为整个教堂内部充
满了透过彩色镶嵌玻璃倾泻进室内的光线。圣艾蒂安大教
堂里彩色玻璃画中的形象尤其清晰，画面中讲述的熟悉的
故事一眼就能够被认出、理解，非常清楚，就好像这是一
本画着人物对话框的连环画册。教堂的室内空间也是空阔
宏敞的，沿着建筑物布置有两排侧廊，每一排侧廊都有一
排窗户，使光线泻入室内，另外还有一组窗户直接用于位
于中心的中堂的采光。这些巨大的竖直形窗户与位于窗户
之间向上伸展的坡屋顶叠加在一起，使得建筑显得极其高
大隆耸。在你仰望这空间的时候，这一幕令人震撼的景象
使人不得不承认，人们已经忘记了这些石头本来只能用于
砌筑低矮的石墩。而在这里，那些石头已听话地跃向半空
之中，而且（更令人不可思议的是）这些石头居然就留
驻在了那里。我在这里想要说的是，博格斯的这片基址
毫无特色，颇为平坦，博格斯之所以特别主要是因为建

筑。这座大教堂所承袭的将室内空间充满光亮的传统在两代人以前建造的圣德尼教堂中就已经开始了。圣德尼教堂优雅、壮观，却没有后来修建的巴黎圣母院、沙特尔大教堂以及博格斯的圣艾蒂安大教堂那样宏大。因此如果我们仔细研究这些建筑，注意这些教堂建造的先后顺序，我们就会看到这些建造思想是如何发展而来的，又是如何随着人们信心与胆量的增强最后被付诸实践的。对于一位古希腊石匠而言，他不可能决定建造一座像圣艾蒂安大教堂这样的建筑。首先，这样一座建筑是绝对不可想象的，因为古希腊工匠不可能有这些建造思想。这样的建筑取决于想象力的几次飞跃，每一次飞跃在当时都像发明第一座塔楼尖顶的设计一样伟大。此外，即使古希腊工匠可能产生那样的建造思想，他也不可能想出建造方法。即使他能够想出方法，他也没有办法说服同时代的人相信他，并拿出钱来支持他这样做，（在那些人看来）他这样做无异于花费了巨资，最后却落得个只见到一堆坍塌的碎石块的下场。像博格斯的圣艾蒂安大教堂这样的建筑不可能是一个人心血来潮一夜之间想出来的，而是依赖于文化与技术的背景，使得想象与实现这样的建筑成为可能。需

要注意的另外一点是，在欧洲南部，人们对哥特式风格
的建筑一直都不怎么热衷。在意大利北部的米兰有一座
漂亮的哥特式教堂，但那是一个孤例，那些建于法国南
部和意大利的带有尖拱和拱券的教堂往往不会采用大型
玻璃窗，而是保持了较早的罗马风式建筑中所采用的平
面墙，并常常在这些平坦的墙上绘制彩画。这样做的一
个原因是，在这样一个封闭的空间中使用如此多的玻璃
窗，在夏天会造成室内过热而令人不适。博格斯的圣艾
蒂安大教堂是真正采用大玻璃窗做法的教堂建筑中最靠
南的一座了。

　　巴伐利亚的威斯朝圣教堂（图11）建造于较晚的时
代，始建于18世纪。它属于另一种建筑文化，但与催生了
沙特尔大教堂的宗教文化相似。虽然这里的宗教团体的受
教育程度并不是很高，他们关注的是将神秘的数字象征体
现在建筑的结构之中，但是，他们却是一个更受欢迎的团
体。威斯朝圣教堂的建造源于一位农民亲眼目睹的奇事。
他将破碎雕像的碎片一点点地粘起来，用皮革制成可以转
动的关节，如此拼接完成的基督造像更像是一尊木偶。这
并不是一件出色的艺术品，但却可作为虔诚的宗教礼拜对

图11　威斯朝圣教堂，斯特因豪森，巴伐利亚，德国（1745—1754）；建筑师：多米尼克斯·齐莫尔曼（Dominikus Zimmerman，1681—1766）。这座朝圣礼拜堂坐落在田野之间，教堂的外观朴实无华，但是教堂内部却相当夸张、华丽，令人叹为观止，一眼望去似乎只剩灰泥抹塑的装饰性泡沫。这种第一印象遮掩了其中丰富的技术成就与表现技巧。这座建筑标志着追求建筑之华丽效果的传统的结束，这一传统历史悠久，是以古典装饰中蕴含的思想为基础发展起来的。的确，在纷繁复杂的装饰中可以看到古典的柱子与柱顶线盘。

象被供奉在一座壮观的巴洛克风格教堂的圣坛之上。这座巴洛克风格的教堂有许多功能都与哥特式教堂相同，只不过方式不同罢了。从建筑外观看，威斯朝圣教堂显得十分平白和简单，除了在入口处之外，没有什么装饰，窗户看起来就像是直接在墙上开凿出来的一样。从外观上看，很明显的一点是这座教堂并不像是一座普通建筑，因为它是周围建筑中最大的一座——坐落在田野之中，一眼望去别无他物。人们可能会以为教堂内部多少像一个设备完善的大谷仓。对于朝圣者来说，（这座教堂内）戏剧性的室内

但是，这些装饰要达到的整体效果就是要让这座建筑给人一种它已经摆脱了重力束缚的印象，那些灰泥抹塑的装饰看起来就像是被一阵大风吹出来的，这阵风在细部形成了涡流，造成了飘逸、灵动的整体效果。光线不仅仅通过设置在显眼处的窗户照射进来，还从一些看不见的地方照射进来，其产生的效果就像是聚光灯一样。在设计决策过程中，剧院显然对设计产生了影响，这从让人产生幻觉的天花到被彩绘所包裹的看起来像大理石一样的抹灰与木构件中可以看出来。令人难忘的是教堂原有的一切物品都进行了改造，以达到同样的幻觉效果，因而，那布道讲坛、那诵经台以及教堂内的所有靠背长凳都用同样的装饰风格加以塑造与雕刻，这样它们看起来就与建筑物一样充满活力、富丽堂皇。修建这座教堂时，在凡尔赛的皇家礼拜堂——一座在许多方面都与威斯朝圣教堂十分相似的礼拜堂——担任过神职的修道院院长洛吉耶（Laugier）发表了一篇在建筑上影响深远的著名论文，他呼吁回归建筑的简洁本质与明晰的结构。对此人们可以理解，但是，没有什么能够与最优秀的巴洛克作品强烈的戏剧效果相媲美，而这些作品仰仗那些富有的资助人——宫廷和教堂的支持——他们需要富丽堂皇的、仪式性的陈设。在19世纪的剧院装饰中我们仍然能够看到这种风格的魅影。

效果肯定会让他觉得手足无措，因为这座教堂的内部装饰模仿的是当时官殿建筑的奢华风格。教堂内有着极其丰富的装饰，还用了金色的饰面，那涡卷形的云朵以及帷幕的造型看上去就像是被向上的风吹飘卷起来了一样。每一处都被当成艺术品来设计，表现出一种灵动与流畅的感觉，但是事实上这一切是实实在在的、静止的。这种效果的实现很大一部分原因是因为点画的运用，使得柱子看起来就像是大理石柱一样。彩画画在平整的表面上以营造出梦幻空间的建筑效果，从而也使谷仓一样的空间范围变得难以界定。一些柱子一根叠压着一根，装饰着看上去非常逼真的身披长袍的人物，这些人物由同样逼真的云朵所托起。建筑的这种围合造型很适合绘制这种彩画。天花的边缘呈曲线状，与墙体连为一体，两者之间不存在明显的界限。如果有这条僵硬的线，人们一眼就能看到，也就能准确地找到房间的界线了。反之，我们并不能确定自己是对这个建筑实体作出了反应，还是对彩绘造成的幻觉作出了反应。即使我们希望超越这种幻觉来观察教堂的空间，也会发现这并不是一件容易的事，你越是努力那么做，越看不出所以然。这里的每一处设计都是为了取得夸张的效果，因此每一处细部都是作为整体的一部分而加以考虑的，没有为任何标准的配件与装置留下空间。布道的讲坛似乎焦躁不安地飘浮在半空，甚至教堂内的靠背长椅也用了华美的雕刻，以便与室内宏大华丽的整体视觉效果保持一致。这是一个包罗万象的艺术作品——这种做法在德语中叫做"合成艺术作品"（Gesamtkunstwerk）。这种对于繁雕缛饰的喜好以及消解建筑实体形式的做法与中世纪十分相像，只是这里用的是不同的建筑语言和技术手段。在所有这些装饰的下面，或后面，仍然存在着一种古典柱式的思想——教堂中一些地方矗立着的罗马式柱子与柱楣定下了一个基调，然后对这些柱式进行拉伸、变形并饰以花彩。这是在17世纪的皇宫中发展起来的一种建筑风格，这种风格透着浮华与绚丽，若非高贵之辈难以与之匹配，因为这种风格的建筑建造起来花费巨大。但是这种风格依然受到农民的欢迎，因为在他们看来它表现了一种能够令人逃避现实的虚幻的魔力。我们有必要再次回顾一下布赖顿皇家亭阁（图3），它曾属于这种传统——迷人，透着皇家气派，现在它已向普通大众开放，但前来参观的人都惊叹不已。皇家亭阁的风格与威斯朝圣教堂的风格不同，但是，

促使这种风格产生的原因却是相同的，因此对风格产生的
一些反应也相同。

生活、自由和对幸福的追求

　　托马斯·杰斐逊的邸宅蒙蒂塞罗也变成了另一种意义
上的朝圣圣地（图12）。杰斐逊建造蒙蒂塞罗是为了他自
己住，这座房屋也完全满足他的需求。然而，人们来这里
参观的主要原因并不是因为这是一座设计良好的住宅，而
是因为杰斐逊在这里做过的其他事，例如他在这里撰写
了《独立宣言》，宣言掷地有声地向世人宣布，美国不再
是殖民地，而是一个自由国度。杰斐逊那辉煌的政治生涯
使他成为美利坚合众国最重要的缔造者之一。然而，他的
住宅并不是一位总统的府邸，而是一位种植园主的家宅。
正是在这里他经营着自己的庄园，用欧洲的标准来衡量，
他的庄园可谓辽阔，而且一派兴旺景象。杰斐逊曾在欧洲
游历，对建筑特别感兴趣，他不仅设计了弗吉尼亚大学
的（围绕着大草坪的）中心建筑群，还设计了弗吉尼亚州
的州议会大厦——他雇了一些经过训练的专业人士来帮他

图12　蒙蒂塞罗，夏洛茨维尔附近，弗吉尼亚（1796—1808）；建筑师：
托马斯·杰斐逊（1743—1836）。托马斯·杰斐逊以其于1776年
撰写《独立宣言》并且在其中满怀激情地号召全国人民支持"生
命、自由和对幸福的追求"最为著名。他后来成为美利坚合众
国的第三位总统（1801—1809）。他在蒙蒂塞罗建造了一座住
宅（1770—1779），后来又对这座住宅加以扩建与改造（1797—
1808），这座建筑在当时获得了美国最漂亮的住宅建筑的美誉。
这座建筑物居高临下，俯瞰开阔而肥沃的平原。杰斐逊取得的成
就更加让人吃惊，因为他从未受过任何正式的训练，有关建筑的
知识都是他在美国与欧洲游历时学到的。他在建筑方面的修为也
是在与国外的专业建筑师的交往中成型的，因而，他有着艺术精
英的思维方式，而这是他在国内的同时代人不可比的。

建造这些建筑。我们从他在建造自己的房子过程中所作的决定可以对他了解甚多，了解他的所思所虑及目标理想。首先，蒙蒂塞罗不是一座浮华奢侈的住所，它比许多住宅都要大一些，但若按那些富丽堂皇的宅邸的标准来看，它也不算大。而且从房屋的设计和家具陈设的整个思路中可以清楚地看到，杰斐逊并不希望将自己的住宅建造成一座华美的宫殿，而是试图建造一座更为坚固、朴实无华的住所，同时又要体现优雅和舒适。蒙蒂塞罗特意避免用华丽的装饰，从风格上讲，我们可以称其为新古典主义，因为它和其他后巴洛克式的尝试一样，也是要回归古典主义建筑的基本原则。不止他一个人这样做，但杰斐逊的这座建筑体现了他的抱负，因为这与他试图通过对基本原则的思考得出一个国家应该是什么样的国家、一个理想社会应遵循什么规则的努力相一致。杰斐逊的庄园可以被看作是这个崭新国家的缩影，而蒙蒂塞罗则是这个庄园的治事之所。

蒙蒂塞罗有许多有趣的地方，许多东西都经过了重新设计，脱离了已有的传统方法。他把所有主要房间都布置在一个单一的平层上，当时的建筑一般都有一个极占空间

的礼仪性大楼梯，但杰斐逊却没有这么设计，房屋中通向
私人卧室的楼梯狭窄而局促，只是体现了楼梯的实用功
能。杰斐逊自己的卧榻布置在一个凹进墙壁的小室中，小
室的一侧向卧室开敞，另一侧则通往他的书房。从文化层
面上看，住宅内部的这种细部安排非常有个性，但这座住
宅给人的总体印象却又是非常高贵、亲切。之所以有这种
感觉是因为杰斐逊特意在他的住宅中采用了古典的建筑语
言，使他置身于根源可追溯到古希腊的一种文化中。从杰
斐逊的住宅中能看到属于西方传统的其他建筑的影子。他
为弗吉尼亚州议会大厦所做的设计简直就是法国尼姆的方
形大厦（Maison Carrée）的翻版，方形大厦是所有古罗马
神庙建筑中保护得最好的一座（图13）。坐落在弗吉尼亚
大学大草坪上的中央建筑物采用的是另外一座古罗马纪念
性建筑的式样，那就是罗马的万神庙（图14）。我们可以
对杰斐逊在设计自己的住宅时所综合运用的种种可能的原
型建筑进行分析，也可以只是对其进行欣赏，不必深入了
解其中蕴含的信息。即使没有任何深入的或特定的知识，
我们也能够看出这是一座具有某种权威的建筑，属于我们
熟悉的高品位建筑传统，因而，这样的建筑让我们感受到

图13　方形大厦，尼姆，法国（1—10）；建筑师：未知。这是一座相当典型的神庙建筑，位于古罗马一个外省城市的中心。比起许多类似的罗马神庙来，这座建筑获得了更高的评价，但是，在建造这座建筑的年代，它至多不过是一座地方性的标志物。现在，这座建筑的重要性已是今非昔比，因为大多数罗马神庙早已毁圮不存，而这座建筑是保存最好的罗马神庙，因而，慕名前来参观的人络绎不绝。方形大厦对建筑欣赏品位的形成具有重要意义，比如它影响了18世纪的那些到欧洲大陆游历的英国贵族的建筑审美。方形大厦的处理是典型的罗马神庙风格。其内部空间由内殿组成，应该是供奉祭祀用的神像的所在，从神像所处的位置通过开敞的门可以看到室外专供节庆时供奉牺牲的圣坛。这个房间（内殿）比周围街道地面高出许多——大约4米（12英尺）——在建筑物的一端有一跑踏阶可以直通内殿。在踏阶的顶端是一排非常典型的柱子支撑着屋顶。这些柱子采用的是"科林斯"柱式，因而柱头上是惯常所用的叶形花瓣装饰，非常华丽，引人注目。这是罗马建筑中享有声誉的建筑物的典型处理手法，但是，使用有凹槽的柱子在罗马建筑中却并不常见——大多数罗马柱子都用圆柱形截面，这样的柱子比起人们所崇尚的希腊经典建筑中有竖直棱的柱子来说，雕刻起来更快也更容易。围绕建筑物的大部分是由墙体支撑着屋顶，墙上有装饰性的半柱，这些柱子没有功能上的意义，但是它们保持了希腊神庙所特有的视觉韵律。许多罗马神庙都用了简单大方的侧墙，不惜工本地为这些柱子加上雕刻使人感觉到这座建筑物的奢华与地位。

图14 万神庙，罗马，意大利（118—125）；建筑师：匿名，但在哈德良
皇帝（Emperor Hadrian）的指导下进行的设计。万神庙不是一座典型
的罗马神庙，虽然它的设计汲取了传统范式的营养，但却是独一无二
的。例如，它前面的入口在构思上就没有什么特别不同寻常之处，虽
然这个入口比"普通"神庙建筑的入口更大、更宏伟。像帕提农神庙
（图7）一样，它在前立面上有8根柱子，而不是更为常见的6根柱子
（即是所谓的八柱式建筑而不是六柱式建筑）。入口门廊两侧有两个
小壁龛，曾经放有雕像。值得注意的是分隔内外两个世界的两扇古代
青铜大门依然立在那里。室内景观宏伟壮观，超乎想象：一个环形穹
隆覆盖的空间，巨大的方格式天花，光线从屋顶中央完全开敞的孔洞
（小圆窗）中泻入。这座穹隆顶是古罗马工程技术成就的一个标志，
它用混凝土浇注而成，跨度很大。在后来的1,000多年中，在伯鲁乃列
斯基于1420年建造的佛罗伦萨大教堂穹隆顶出现之前，没有比它更大
的穹隆顶了。最初，天花的每一块方格子中都镶嵌有一个镏金的玫瑰
花饰，使得整个穹隆顶具有天国的意象。作为一座神庙建筑，万神庙
的一个不同寻常之处在于它对室内空间的充分利用，这也说明了在这
里举行的宗教仪式会更多地使用内部空间。正是由于这样一个特点，
这座建筑尤其适合用作教堂，在罗马帝国正式接受基督教后不久万神
庙就被改成了教堂，这也是它得以保存如此完好的原因。曾经覆盖在
屋顶上的镏金青铜瓦被送到了君士坦丁堡（"新罗马"）——君士坦丁
在东方建立的基督教首都，在那里，随着旧罗马的衰落，一些宝物被
堆放在拜占廷的宫廷中。在中世纪的时候，罗马的人口也大为减少。

的是稳定与威严，而不是对抗与挑战。从景观建筑学的角度来看，蒙蒂塞罗所表露出来的并不是某种急切或高亢的情绪，而是表现得十分平和，好像它生来就是权力的所在。鉴于蒙蒂塞罗的设计者革命性的政治主张，建筑的这种表达方式可不能被认为是理所当然的。我希望通过这样描述蒙蒂塞罗来说清楚一点：对一座建筑可能存在着不同的解读。如果我自己并不归属于这种"西方文明"，那么我会从一个完全不同的角度来看待它，特别是如果我的祖先从前就在这个庄园上劳作过，在这里住过，但却无权拥有这里的土地，这时蒙蒂塞罗就不会令人感到权威而亲切了，而是让人感到有点像是舶来之物，还给人以傲慢之感。如果我是一位曾经在这个庄园做过工的奴隶的后代，那么我可能会将它看成是剥削、压迫的象征。

　　教导人们熟知公认的经典之作常常是艺术教育的传统方式。虽然在艺术审美上"经过培养的审美趣味"与"大众审美口味"有很大的不同，这也并不意味着"经过培养的审美趣味"需要有不自然的、矫揉的感觉。对于那些浸润在某个传统中的人来说，他对讨论中的建筑产生的反应是本能自然的，即使这种传统是从书本上学到的，而不是在日常生活中无意习得的。在特定情形下，无论是经过培养的审美鉴赏力占了上风，还是大众化的欣赏趣味占了上风，这都不是谁对谁错的问题，而是与文化政治的关系更大。

杰斐逊的蒙蒂塞罗能够让人想起西方传统中的哪些早期建筑呢？杰斐逊的这座宅邸是置身于优美环境中的别墅建筑的经典实例：这是一座对称布置的亭阁，有一个中央入口，入口处布置有古典式样的柱子。这一类建筑在18世纪的北部欧洲随处可见，但是在这里——弗吉尼亚，杰斐逊建造了体现自己的风格的建筑。他曾经研究过的建筑实例大部分来自意大利，这些实例是从书本上看到的，因为年轻时候的杰斐逊游历并不广泛，他只能通过阅读来学习。他自学了意大利语，并且有一本意大利文的帕拉第奥（Palladio）的《建筑四书》，他称这本书为他的建筑学"圣经"。杰斐逊还有其他一些插图版的建筑学书籍，是由英国的建筑师们写的。当沙特吕侯爵[1]（Marquis

---

1 沙特吕侯爵（1734—1788），法国军人，13岁进入军队，1772年因其著作而成为法兰西学会成员，1779年成为赴美国的远征军将领之一，并参加过约克城战役，战争结束回到法国后出版了回忆录《北美游记》，1784年袭其兄之爵位而成为侯爵。

de Chastellux）于1782年访问蒙蒂塞罗时说，这座住宅在美国仅此一处，并且称"杰斐逊先生是美国第一位了解美术，并知道如何为自己建造栖居之所的人"。换句话说，杰斐逊建造房屋时遵循了一种被沙特吕侯爵认同的建筑传统，即欧洲精英的传统。

这里要说明的一点是，杰斐逊选择遵循帕拉第奥著作中提倡的那种审美趣味与得体的感觉，并且认为设计建筑要考虑比例与均衡，而不是试图堆砌一些巴洛克风格的华而不实的盛大排场与繁缛装饰。杰斐逊的蒙蒂塞罗以简洁为特征，而且通身散发着静谧的气息，这与巴洛克建筑热烈繁杂的内部形成鲜明对比（如图11中威斯朝圣教堂或图3中的布赖顿皇家亭阁。后者一般并不归在巴洛克建筑之中，但是，因为布赖顿皇家亭阁使用了与巴洛克建筑相同的手法——综合了建筑、雕刻与具有幻觉效果的绘画——因而具有许多类似的效果，我倾向于认为布赖顿皇家亭阁从某种意义上说是一座巴洛克建筑，虽然在细部处理上它采用的是西方人眼中的中国建筑手法）。蒙蒂塞罗并不是从某个意大利建筑或英国建筑中复制出来的，而是吸收了帕拉第奥别墅建筑中的那些一般思想。通过运用那些基本的原理，杰斐逊设计了一座满足自己需求的、相当具有独创性的建筑，但它明显属于帕拉第奥的传统。事实上，杰斐逊最初设计并建造的是一座"英国式帕拉第奥风格"的住宅，然后，过了许多年，在他游历了许多地方（特别是法国）之后，他开始按照法兰西式的精致与优雅来改造他的住宅，比如，穹隆顶的应用。他曾在巴黎一座十分重要的居住建筑（萨尔宾馆）中看到了这种处理手法，于是在自己的住宅中也作了如此处理。

帕拉第奥和他的《建筑四书》

什么是"英国式帕拉第奥风格"的传统呢？这是受安德烈亚·帕拉第奥的启发而形成的一种建筑风格。帕拉第奥是16世纪意大利的一位建筑师，他不仅设计建筑，而且也为所设计的建筑著书立说。1570年，他出版了4本配有优美插图的建筑方面的书，其中包括他自己绘制的罗马纪念性建筑的木刻版画。这些纪念建筑在书中并不是以其废墟的形象示人，而是一些带有推测意向的复原设计图，这反映了帕拉第奥想象中的这些建筑的本来面目。除了这些古代建筑之外，书中还包括了一些当时受到古代建筑启发的建筑师创作的建筑作品，例如伯拉孟特[1]（Bramante）的作品，当然最多的是帕拉第奥自己的作品。在将这些作品，包括那些通过考古发现的古代建筑与他那个时代所创作的建筑作品归集在一起的时候，帕拉第奥提出了一套有关古代罗马建筑知识的权威大纲以及贯穿古罗马建筑的原则，同时他还加入了一些设计案例，以证明那些原则以及古代的经典建筑是如何运用到诸如教堂和那些令人印象深刻的别墅等现代建筑之中的。帕拉第奥是在他建筑师生涯的晚期写的这些书，他有极其丰富的经验，所得出的结论也令人信服。他是一位多产的建筑师，其作品主要分布在维琴察[2]（Vicenza）和威尼斯一带。威尼斯的繁荣主要得益于它与东方世界的贸易往来——威尼斯一度牢牢控制着与东方的贸易。威尼斯共和国控制了东地中海的交通，拥有一连串防御工事坚实的港口，这些港口保护并维系着商业

1　伯拉孟特（1444—1514），意大利文艺复兴建筑师，曾作为教皇朱利叶斯二世的建筑师主持梵蒂冈圣彼得大教堂的设计，他设计的罗马的坦比哀多小礼拜堂是文艺复兴的经典之作。
2　维琴察，意大利东北部城市，位于威尼斯以西，始建于公元前1世纪，1164年成为自由城，1797年被奥地利攫取，1866年加入意大利王国。

活动的进行，使来自君士坦丁堡以及更远地方的商品能够
不受海盗的侵扰而源源不断地运来。威尼斯的统治阶层不
仅在威尼斯大运河两岸拥有宫殿，而且在陆地上的庄园里
也拥有别墅，他们会去那里消夏。这些别墅多少有点儿农
舍建筑的味道，因为他们在别墅里经营着自己的庄园。这
种别墅集多种功能于一身：既有用于农业用途的若干房间
（如像谷仓一样的阁楼），也有农场工人、农民以及仆役住
的房间，此外还有带着礼仪性特征的贵族用的大套房。帕
拉第奥那些透着熟练的设计技巧的作品将所有这些要素综
合于优雅而高贵的古典形式之中，从而使这样一个集中了
各种实用功能的庞大建筑呈现出宏伟、壮观的特质。

　　帕拉第奥设计的最为人称道的别墅之一却与这种模式
有些不同，那就是位于维琴察附近一座平缓小山丘顶端的
圆厅别墅（图15）。圆厅别墅不是一座独立的居所，因为
它在设计之初就是要与房屋主人在维琴察的主要住所结合
使用。圆厅别墅离城不远，主要用于娱乐。在帕拉第奥的
作品中它之所以显得独具一格，是因为圆厅别墅的四个立
面完全相同，每一个立面都有一个用古典柱廊形成的入
口，那是一个门廊，通过台阶踏步可以到达，门廊使用的

图15　圆厅别墅（卡普拉别墅），维琴察，意大利（1569）；建筑师：安德烈亚·帕拉第奥（1508—1580）。帕拉第奥发表了一篇配有插图的论文，图中有他自己的设计，也有他为一些伟大的古代遗迹所做的复原设计，如万神庙（图14）。他在维琴察和威尼斯做设计，为威尼斯的贵族设计了别墅与教堂，这些贵族在威尼斯有宫殿，还在人称威尼托区[1]（Veneto）的大陆上拥有农田，维琴察就位于威尼托区。帕拉第奥所设计的别墅大多数都是用作管理庄园的基地，这就使得这些别墅多少有点像农村邸舍，只是还有几间富丽堂皇的、讲究的房间以供贵族消夏时使用。圆厅别墅的不同寻常之处在于，它并不作贵族的日常起居之用，而是变成了距离维琴察很近的一个归隐静思之地。圆厅别墅坐落在一座小山上，从而可以从四处向周围的田野眺望。圆厅别墅从来就不是一个主要的居住场所，而是用作休闲之地。典型的帕拉第奥别墅在主入口设有一个带柱子的门廊，但是，圆厅别墅在他的设计作品中是独一无二的，因为它有四座完全相同的门廊，在四个方向上都可以眺望田野。别墅中央有一个环形的房间，从这里人们可以随意踱步到任何一个门廊，并步入自然景观之中。

1　威尼托区，意大利东北部的一个地区，濒临亚得里亚海。从15世纪初以来一直是在威尼斯的统治之下，于1797年曾转让给奥地利，并于1806年归还给了意大利。

是罗马风格的柱子。别墅中部有一个穹隆，当门都打开时，可以看到四个方向的乡村景色，因而这座别墅看起来就像是这个小山丘的延伸与终结。地面的坡度在踏阶上得到了延续，站在室内就好像是站在一个隆起的坚实台座上，台座上方还覆盖着彩绘装饰的穹隆顶。杰斐逊的蒙蒂塞罗也有相同的基址形式——坐落在小山丘的顶端，但他只设置了两个入口，门口同样是由罗马风格的柱子形成的门廊。位于弗吉尼亚的小山丘要略高一些——"蒙蒂塞罗"在意大利语中就是"小丘陵"的意思——然而，在考虑建筑在景观环境中的位置的时候，两者的做法相似。比如弗兰克·劳埃德·赖特就决不会将一座建筑建在小山丘的顶端，即使是流水别墅这座从瀑布下方向上仰望时看起来如此生动的建筑（图10）也是掩藏在森林之中，从一个较高的地方才能接近，因而流水别墅看起来像是要将自己融入到周围的环境之中，而不是要凌驾于这个环境之上。只有当人们走进流水别墅室内，或是站在较低的地方，别墅的空间大戏才会上演。

帕拉第奥的4本书从观点上看都非常实用，条理也十分清晰，是写给建筑师和他们的捐资人看的，而不是作为学术著作来写的。在17世纪时，英格兰的伊尼戈·琼斯[1]（Inigo Jones）拥有了这几本书。他曾经去过意大利，为帕拉第奥的思想所倾倒，并在其影响下设计建造了一些非同寻常的建筑，如格林威治的女王宫、伦敦怀特霍尔大街的宴会厅等。这些建筑最不寻常之处是它们的建造时期，那时欧洲大陆的王公贵族们正忙于建造越来越精美的巴洛克宫殿，而在英格兰，巴洛克风格最为繁盛的时期还没有到来——例如，由克里斯托弗·雷恩爵士[2]（Sir Christopher Wren）设计的圣保罗大教堂直到17世纪末才构思出来，这已经是君主制复辟以后重又追求壮丽繁华以及伦敦大火将一切扫荡殆尽之后的事情了。伊尼戈·琼斯的建筑由一些简单的体块构成，并且体现了对和谐比例的关注，而比例和谐正是帕拉第奥所倡导的。这种和谐的比例关系在音乐当中也会产生优美的共鸣，受此影响，帕拉第奥喜欢体量在各个向度上具有简单的比例关系，这样，当一间房屋

1　伊尼戈·琼斯（1573—1652），英国建筑师，把帕拉第奥古典主义建筑风格带到了英国，主要作品有格林威治女王行宫及伦敦怀特霍尔街宴会厅。
2　克里斯托弗·雷恩（1632—1723），英国建筑师，曾为伦敦设计过50多座教堂建筑，最为著名者是圣保罗大教堂（1675—1710），此外还设计了牛津谢尔顿剧院（1664—1669）和剑桥三一学院图书馆（1676—1684）等建筑。

的高度与宽度相等，而其长度是宽度的两倍时，它可能令人感觉愉悦。按这样的比例建成的建筑会是一个双立方体，琼斯为查理一世[1]（Charles I）设计的怀特霍尔宴会厅用的就是这种比例，然而正是在这座宴会厅的外面，查理一世被处以死刑。怀特霍尔宴会厅也有一些巴洛克建筑的味道，如天花板上是鲁本斯[2]（Rubens）所绘的华丽彩画，但是与法国的凡尔赛宫相比，这座建筑的总体风格相当庄重、简朴。

英国式帕拉第奥建筑

琼斯那些受到帕拉第奥影响而设计的建筑在他那个时代是一个孤例，并非代表性建筑。英国式的帕拉第奥主义与18世纪联系得更为紧密，那时，这种样式的建筑在伯灵顿伯爵（Earl of Burlington）的赞助下，引领风潮而成为

---

1 查理一世（1625—1649），娶法国路易十四姑母为后并倾向天主教，1638年因为在苏格兰推行英国国教而引起叛乱，1642年内战爆发，1649年国会以叛国罪将查理一世判处死刑。
2 鲁本斯（1577—1640），荷兰画家，巴洛克艺术的代表人物之一，创作了许多肖像画和历史、宗教题材方面的作品。

那个时代标准的现代建筑。伯灵顿伯爵在自己位于伦敦西部奇斯威克（Chiswick）的住宅旁边建造了一座小巧而精致的亭阁（图16）。他对帕拉第奥推崇备至，搜集和收藏帕拉第奥的绘画，并将自己与好友威廉·肯特（William Kent）擢举为建筑审美的评判者。位于奇斯威克的这个艺术沙龙由伯灵顿伯爵夫人主持，她也是唯一的一位在这座别墅中住过的人。毫无疑问，伯灵顿夫人在确保沙龙的和谐氛围方面发挥了重要作用，这种氛围可以让人们自由交换思想。奇斯威克别墅成了艺术创造的中心，而这是这座建筑产生巨大影响的一部分原因。如果没有这些影响，英国的巴洛克建筑之风很可能也会像法国和德国一样持续很长时间。身在远离欧洲大陆的弗吉尼亚、通过书本来获得知识的杰斐逊也可能接受帕拉第奥的思想，然而，杰斐逊就不会被来访的沙特吕侯爵看成是有审美趣味的人，而会被认为是一个古怪的人。审美潮流的改变不会完全因为一小群人而改变——一定有一批愿意倾听并接受伯灵顿圈子的看法的人——但是不管怎样奇斯威克别墅在建筑历史上都具有重要意义，虽然它的尺度小。除了这座别墅建筑本身以及伯灵顿夫人的沙龙的深远影响以外，建筑师科

图16　奇斯威克别墅，伦敦，英国（1725）；建筑师：伯灵顿伯
　　　爵（1694—1753）。伯灵顿伯爵在伦敦西部有一座詹姆
　　　士一世时期的邸宅，他是一位充满热情的业余建筑师，
　　　也是帕拉第奥的崇拜者，他着意搜集帕拉第奥的绘画作
　　　品。本图所示的这座别墅建筑与他的那座大邸宅相毗
　　　邻，是用于款待宾客的建筑中的佼佼者，以招待艺术家
　　　最为有名，其中一些艺术家受到伯灵顿伯爵的赞助与支
　　　持。因此，这座别墅规模虽不大，但影响却很大。这里
　　　有伯灵顿伯爵夫人的卧室，她是唯一一位在这座别墅中
　　　生活过的人，这座别墅是伯爵邸宅的附属建筑（那座邸
　　　宅建筑已经毁圮不存）。伯爵夫人和威廉·肯特（1685—
　　　1748）都对这座建筑的室内设计产生了重大影响。肯特
　　　就像是伯灵顿伯爵家的一员，负责许多家具与花园的设
　　　计。在设计这座别墅时，伯灵顿主要从两座别墅中获得
　　　灵感，一是帕拉第奥的圆厅别墅（图15），另一座则是由
　　　帕拉第奥的学生温琴佐·斯卡莫齐（Vincenzo Scamozzi,
　　　1552—1616）所设计的位于罗尼戈（Lonigo）的洛卡·比
　　　萨尼（Rocca Pisani）别墅。洛卡·比萨尼别墅采用了帕
　　　拉第奥的设计，但却将门廊的数量减少为一座，并将中
　　　央的圆厅处理成一座八角形的大会客厅（或沙龙）。伯灵
　　　顿也步斯卡莫齐的后尘而做了这些改动。

仓·坎贝尔（Colen Campbell）也以他不朽的学术著作——
《英国的维特鲁威》一书在英国产生了巨大影响。这是一
套三册本的书，书中插图所示的建筑作品都得到了坎贝尔
的认可——所有作品都是古典风格，其中许多是坎贝尔自
己的设计，有些付诸了实施，有些则是凭空的畅想而已。
伯灵顿曾经聘用过詹姆斯·吉布斯（James Gibbs），因为
吉布斯意大利式的建筑设计风格显然符合伯灵顿的审美趣
味，当伯灵顿旅游归来的时候，他要吉布斯重建自己在
皮卡迪利[1]（Piccadilly）大街的住宅。然而，坎贝尔取代了
吉布斯，因为他使伯灵顿相信他坎贝尔才是受过正规教育
的、有真才实学的帕拉第奥式建筑师。（这座建筑碰巧与
现位于皮卡迪利的皇家学会的所在地伯灵顿住宅在同一个
基址上，但已是不同的建筑。）坎贝尔的书帮助确立并推
广了一种思想，即简洁、比例和谐的建筑才是杰出的典
范，这与粗陋不堪、毫无价值可言的巴洛克建筑总是形成
鲜明的对比。在书中坎贝尔认为巴洛克建筑繁复的装饰过
多，是靠这些装饰来转移人们的视线以掩饰其对建筑基本

---

1 伦敦的一条繁华大街。

原则的忽略。

伯灵顿在奇斯威克的别墅确立了时尚建筑的思想，这一思想主导了我们对18世纪建筑的看法。对于伯灵顿和他同时代的人来说，时尚建筑究竟意味着什么？顺便应该提起注意的一点是，只有社会最富有的阶层才会有建筑方面的时尚。修建房子始终是一件花费巨大的事情，只有那些有成群结队的仆人侍候的富人才花得起钱使用打磨、雕刻过的石头来精心设计建造建筑。大多数人并不刻意追求住在一座时尚的住宅中，而是有一个坚固、安全的栖居之所就满足了。在理解一座建筑对于其设计者的意义时，我们不可避免地会从某个特定的视角来观察世界，这个角度可以概括为精英的角度，因为站在这个视角看问题的人从来不必为柴米油盐劳心费神。对劳动人民来说，如果他们有艺术追求，其结果就是产生一批吃不饱饭的艺术家，他们找到了进入精英文化的途径，却没有财力维持基本的生活。在18世纪的英国，那些有天分却没有财力的人也可以设法获得成功，只要找到一名资助人就行，虽然对于一位有钱的男子来说，资助一名女子的做法会被认为不妥，因此很少有女性成为艺术家，除非是在演艺界，而演艺行业又很难说得上是一个受人尊敬的行业。威廉·肯特得到了他的资助人伯灵顿伯爵的慷慨资助，并且与他家关系亲密融洽。科仑·坎贝尔却不是这样，因为他那红火的建筑设计事业带给他不菲的收入，不需要依附伯爵大人。因此，坎贝尔和肯特承接的设计项目在类型上颇为不同，因为坎贝尔需要时刻关注生意，而肯特却可以更为自由地进行设计尝试，不需要靠吸引委托合同过活，只要资助人同意即可。时尚建筑，无论采取什么造型，都具有意义，因为时尚建筑自动表明其所有者属于上层社会。可以说，这一点对时尚建筑来说是最重要的事，甚至这有可能是人们想建造这种建筑的主要原因。然而，对于那些像伯灵顿伯爵这样肯定属于最上层社会的人来说，有没有一座时髦的别墅不是问题的关键。相反，对他来说，关注建筑就是赋予建筑社会地位。

艺术成就则是另外一回事，只有通过熟悉文化、发展技术才能取得。建筑经常通过在艺术上与较早的建筑——那些受人尊敬的原型建筑——遥相呼应来获得意义，就像我们在前面所看到的那样。这里要说的范例有圆厅别墅和帕拉第奥的学生斯卡莫齐设计的别墅——位于罗尼哥的比萨尼要塞。这座别墅的设计发表在斯卡莫齐的著作《建筑理念综述》（1615）上。科仑·坎贝尔已经参照圆厅别墅的样式建造了一座别墅，即米尔沃斯城堡（Mere-worth Castle，1722—1725）。奇斯威克别墅的每一个立面都不同，而不是像圆厅别墅一样四个立面完全相同。不管怎样，奇斯威克别墅的所有元素都可以在帕拉第奥或斯卡莫齐的别墅中找到先例，因此这座建筑是正宗意大利式的。

为什么意大利建筑就被认为是出色的建筑呢？因为当时的英国贵族都知道意大利是艺术与文化的摇篮，只要有机会，他们都会去意大利游览。游历欧洲大陆这种教育旅行是一个重要的学业成就，因为这么做可以让人拥有社会地位，在上流社会能从容应对。这种旅行的目的地通常是法国和意大利，而且作这种旅行的通常是思想易受影响的青少年。那些教育旅行者中的贵中之贵者会带一队仆人作扈从，并有一位家庭教师陪伴左右，然而，当他们来到一个地方的时候，也会拜访当地的艺术家与学者。事实上伯灵顿就是在意大利游览的时候遇到肯特的。教育旅行可能要持续数年之久——其目的是吸取文化精髓，而不是以所走的距离来衡量。年轻人所受的学校教育就已经使他们受到拉丁文学的熏陶，因而他们也学会了欣赏古罗马建筑的遗迹、意大利艺术的瑰丽以及郊野风景的五彩斑斓。这也是他们长大成人的一个重要环节。远离家乡使他们感觉无拘无束，有机会做浪漫式的冒险，而不必担心要承担冒险的后果，他们回到英国之后所津津乐道的是意大利女性在性道德方面是如何的自由与开放。回到英国之后，家人希望他们找一份工作或参与家族庄园的经营，成年人的种种责任接踵而至。因而对意大利建筑的热爱在一定程度上与青春、自由、宜人的气候以及无拘无束的生活等让人愉快的想法相关。在教育旅行途中也会有一些固定的学习安排，进入沿途各地的上流社会，这样，当他们回国之后就成了见过世面的举止优雅的绅士淑女了，只是心中萦绕着对意大利和古迹的怀旧情绪。建筑的这一层面触及了个人的记忆与体验，很难说清楚，也不可能固化为规范，但是它作为一种自然而然的情绪表达肯定是存在的。像詹姆斯·吉布斯和科仑·坎贝尔这样的建筑师确实设法订立了一些原则，这些原则推出了一种看起来罗马风格强烈并会引起资助人阶层的感伤情绪的建筑，而这些建筑师自己可能并没有这种感受。

罗马复兴

地位崇高的西方建筑的整个历史几乎就是试图恢复和重现古代，主要是古罗马的辉煌的历史。古罗马留下了一些宏伟壮观的建筑遗迹。最壮观的建筑遗迹之一是万神庙（图14）——由哈德良皇帝建造的有大穹隆顶的神庙建筑，后来这座建筑在君士坦丁之后的基督教时代变成了一座教堂。帕拉第奥发表了万神庙的平面与剖面的版画，据说伯鲁乃列斯基1420年在考虑如何建构佛罗伦萨大教堂的穹隆顶之前曾经对万神庙以及其他罗马遗迹进行了研究。众所周知，文艺复兴时期的建筑师给自己定下的目标是设计出与古代作品相媲美的建筑，许多中世纪的建筑师也有同样的目标，只不过当时能够参照的例子或许有些不同。这在被称为"罗马风"的中世纪教堂建筑中特别明显，因为它们正是以罗马建筑实例为原型。例如，在勃艮第的奥坦（Autun）的圣拉扎雷（St Lazare）罗马风教堂，沿着中厅有一排拱洞形结构，穿过拱洞可以进入侧廊，同时，在上方还有一排较小的拱洞，其作用相当于窗子（高侧窗），使阳光能够进入室内。同样模式的这种在大拱之上加小拱的做法在城内尚存的古罗马门道建筑中也可以见到，只是门道建筑要比教堂小许多。（教堂建筑所采用的）尺度似乎来自一座矗立在城外一块低地上的不同寻常的罗马神庙的遗迹——用罗马砖石和混凝土砌筑。神庙的外形很久以前就已经毁坏了，因而只剩下了一堆歪七扭八的碎石，但是这座神庙却大得惊人。如果我们将这座神庙的尺度与门道建筑那成熟的技术结合在一起，那么我们就有了一个可以十分容易地用于大教堂的模式。大教堂的中厅有一个穹隆，这种手法是从罗马建筑中学习而来的，例如万神庙和由后来的皇帝建造的大型浴场建筑群。在16世纪时，米开朗基罗（Michelangelo）将罗马戴克里先[1]（Diocletian）浴场的穹隆式空间形式应用到了圣玛利亚天使教堂（Santa Maria degli Angeli）之中，而从11世纪开始，在勃艮第建造的新教堂都用了穹隆顶形式，最开始使用这种形式的是位于图尔尼的圣菲力伯（St. Philibert）教堂（约950—1120）。勃艮第的罗马风教堂将位于克吕

1　戴克里先（284—305），罗马皇帝，在任内将罗马帝国分为东西两个部分（286）。他试图恢复罗马的固有宗教，从而导致了对基督教徒的严酷迫害（303）。

尼(Cluny)的大修道院看成是其权威的中心,这座大修道院沿着中厅使用了尖拱。这些尖拱以非同寻常的方式出现在了奥坦——中厅上面有尖拱,中厅上部的穹隆顶上也有尖拱——在勃艮第,有尖拱的建筑并不一定就是哥特式建筑。

我们认为伟大的工程建筑是典型的罗马建筑。这些工程包括道路、输水道以及军事防御设施,如从西到东横贯大不列颠岛的哈德良长城。工程的规模令人震惊,特别是考虑到当时可用的资源非常有限——没有电子通讯工具,没有比锄头和铁铲更大的挖土、运土的设备,只能靠成千上万的人组成纪律严明的工作团队来完成。许多工程都只考虑了其实用性,以方便使用为目的,并不指望有什么艺术价值。例如,尼姆附近的加尔桥(Pont du Gard)是一个蔚为壮观的输水道,将水输送到陡峭河谷的另一端(输水道下面是加尔河)。这座桥是用大块的石料砌筑而成,这些石料都没有经过打磨处理。在制作拱券时需要临时性的木构支撑物,但是,一旦拱券完成,支撑物就被拆除了,以拱券来支撑自身的重量,而更多是靠拱券的两侧支撑。一些石头砌体凸出在外以支撑那些临时性的木结构,当这座桥建成之后,那些凸出的石头也就留在了那里,一直留到了今天。加尔桥地处偏僻的乡下——今天人们来这里探访是因为对桥本身感兴趣，同时也因为人们喜欢到这里的河流中沐浴，而不是因为这座桥距离小镇的中心不远。当加尔桥刚刚建成的时候，当然会令来这里参观的人感到惊异与震撼，虽然来访的人并不多，但是，当时来这里参观的人就像我们今天去参观一座新建的大坝一样，是因为它的壮观，而不是因为它的艺术成就。如果加尔桥建在市中心，那么人们一定会精心建造。与之形成鲜明对比的是，罗马的皇帝浴池和万神庙都有十分精美的装饰，石料也经过了精心打磨。在基本的工程结构之外覆盖有大理石嵌板、经过雕刻的装饰件以及马赛克。表明这些建筑具有很高地位的装饰源自于古希腊人发展起来的神庙建筑，这一点可以非常清晰地从尼姆的方形大厦（图13）中看出来。方形大厦乍看上去与帕提农神庙（图7）颇有几分相似，但也有不同之处，这两座建筑不仅属于单个的神庙建筑，也属于它们各自所代表的神庙建筑群。例如，希腊神庙的柱子都是圆形的，矗立在一个台座之上，台座的每一侧都有三步台阶（台阶相当大，这是出于视觉效果上的考虑，而不是为了方便上下——在建筑的尽端有一段石坡

道专门用来上下台座）。相反，罗马神庙只是在正面设有
柱子，也只在正面设有一跑踏步（这些踏步是专门设计用
来上下的）。这样做的原因是因为罗马神庙从更早的、我
们称为伊特鲁里亚（Etruscan）神庙类型发展而来，这也
是罗马建筑师维特鲁威在其论文《建筑十书》中对这种神
庙（图17）的称呼。这一名称让人想起了罗马的古往时
代，当时这个聚落是伊特鲁里亚[1]（Etruria）的一个行省之
城。这个聚落是如何发展起来的已不为人所知，但是它的
重要性与日俱增，在成为伊特鲁里亚的首都之后它扩展了
疆域——最初只是将临近的地区揽入怀中，接着环地中海
的其余大部分地区以及部分更远的地区也都尽入其彀。按
照维特鲁威的说法，伊特鲁里亚人的神庙建在一个石筑的
高台上，在神庙的正面用木柱子建造了一个门廊。神庙的
墙体是用晒干的土坯砌筑的，这种材料一旦遇水就会变得
松软，甚至会被大水裹卷而去。这就是为什么要用一座高
台将神庙托在地面之上，以及为什么神庙屋顶的屋檐向外

---

1 伊特鲁里亚，位于意大利中西部，曾是一个古代国家，其范围包括现在
的托斯卡纳和翁布里亚的部分地区，这里曾是伊特鲁里亚文化的中心，公
元前3世纪被罗马文化取代之前，这种文化分布在意大利的大部分地区。

图17　朱诺·索斯皮塔神庙模型，拉努维乌姆，伊特鲁里亚神庙，据维特鲁威（公元前5世纪）。本图所示的建筑是按照维特鲁威在他的《建筑十书》中的第四书第七节中所描述的伊特鲁里亚人的神庙制作的模型。因此，这是古罗马建筑师心目中的罗马帝国之前的罗马神庙的古代形式。内殿的墙是用晒干的土坯砌筑的，易受到水的侵袭，因而这座建筑建在石制的台座上从而得到抬高，这样墙体不受地面上的水的冲刷。柱子是木质的，用后世的标准来看，这类建筑并不大，但其柱子之间的间距却比后来典型的柱间距要大很多。后来的建筑物是用石头建造的，但它们需要更为稳定、坚固的比例关系，因为对石头房子施加向下的压力时，它们会很坚固，但是如果它在侧面受到推力或拉紧时，石头房子很容易坍塌。房子的屋顶有一个很宽的出檐，这同样是为了防止水的侵蚀——这回是防止雨水的侵蚀。在内殿中有3个房间，并排布置在墩座上。这就是古罗马人的神庙建筑类型，那时他们还没有学会用希腊的砖石结构和艺术技巧来建造纪念性建筑。

悬挑的原因。柱子的间距比起希腊神庙的柱间距要大得多
（只是从比例上看起来更大），这是因为柱子和两柱之间
的梁枋都是木结构。这些神庙从尺度上看是相当的小，木
结构与土坯结构都容易糟朽，而希腊神庙，在罗马人开始
接触它们的时候，在尺度上就相当巨大，而且是用石头建
造的。不仅如此，希腊人还形成了一套对柱子与梁楣进行
精雕细刻的规则体系，这一体系经过了长时间的发展，其
比例之精细，调整之细微令人赞叹。比如说，柱子的造型
用了起伏的长棱（凹槽），这些长棱都是现场雕凿的，因
而不会在运输途中遭到破坏，柱身与凹槽有收分，因而柱
子的顶部就比柱子的基础部分显得细一些。收分并不是沿
着一条笔直的直线进行，而是微微地有一点向外鼓出，然
后再沿直线向上收分，因此并不明显。这样一个鼓出的部
分（柱中微凸线[1]）是经过精心处理的，其目的是希望用肉
眼看过去时柱子显得很直——如果没有这个微凸的处理，
柱子中部给人的感觉会明显偏细。由此可见，希腊人为他

1　柱中微凸线，为了抵消因为直线可能造成的柱中部凹陷的感觉，在柱子
的某个高度位置上雕凿出来的微小隆凸曲线，其效果类似中国古代建筑中
的"梭柱"。

们的神庙建筑不惜工本，或者说，至少在那些重要的神庙
建筑，如帕提农神庙上是如此——人们用精美的雕刻精心
装饰帕提农神庙。神庙内部不仅有按照传统做法用青铜铸
造并用金子和象牙加以装饰的神像。神像由菲迪亚斯塑
造，他还负责塑造了著名的奥林匹亚[1]（Olympia）的宙斯
神像（宙斯神像总是与金字塔一起被列为古代世界的"奇
迹"之一）。这些雕像现在早已不知所踪，但是，那些装
饰帕提农神庙的大理石雕刻大部分还在（许多大理石雕刻
保存在大英博物馆，被人们称为埃尔金大理石雕刻[2] [Elgin
Marbles]）。帕提农神庙影响深远，它给古罗马人留下了
深刻的印象，古罗马人采用了希腊人的建筑语言，加以简
化后应用在整个罗马帝国广阔土地上的建筑中，使得这一
古典建筑语言成为装饰欧洲、北非与中东地区的建筑的最
常用语言。

　　我们再回过头来看尼姆的方形大厦（图13）——这座
保存得最好的典型古罗马神庙建筑，我们从中会看到对古

1　奥林匹亚，位于伯罗奔尼撒西北，是希腊南部的平原地区，古代希腊祭
拜宙斯的宗教中心，同时也是古代奥林匹克运动会的旧址。
2　埃尔金大理石雕刻，专指英国大英博物馆所藏的古希腊大理石雕刻艺术品。

老的伊特鲁里亚神庙的文化记忆，只不过披上了一层希腊神庙建筑的精致外衣。在高台座的一端有一间封闭的房间，应该是放置神像的所在，透过门廊向外可以望到公共坛台——供人们奉献祭品的地方。然而，这间（被称作内殿的）房屋的外墙上有雕刻，让人联想到围绕希腊神庙的一排柱子。

记忆

建筑自身能够负载关于过去建筑的文化记忆，当需要赋予一座建筑某种得体感或权威性的时候，西方文化中最常用的一个方法就是建造这样的房屋——它们在某些方面能够让人回想起过去的建筑—常常是古代的建筑。因为西方文化一直存在着某种连续性，像蒙蒂塞罗这样建造在偏远地方的建筑，凭借从有限的几本书上获得的知识就能与可以追溯到古代的整个建筑传统相呼应。每一次建筑的古典语言出现复兴的时候，古典建筑的不同层面就会突显，并成为关键性的属性，因而古典建筑就会有许多不同的阐释方式，并可以指许多不同的事物——其中一些完全是水火不容的。例如，阿尔贝特·斯皮尔为纳粹设计柏林的建筑时使用了古典主义的某种形式，我们认为这种古典主义形式看上去是专制与压迫的体现，但是，杰斐逊在弗吉尼亚大学所使用的古典主义形式看起来则是亲切的，是自由与乐观的体现。古希腊的古典主义常常被视为民主的象征，因为民主的思想就产生于雅典；但是，当这种古典主义形式为罗马人所使用时，它体现的是一种不同的秩序，就像是一个跨国公司的"企业形象"工程。有时候会存在某些说法，认为古典建筑超越了时间与文化变化的限制，代表了一套放之四海皆准的正确形式。这种说法是错误的，因为虽然建筑的造型没有太大变化，但建筑的意义却随着时代的变迁而发生了巨大变化，因而，在公元前5世纪按照古典方式建造房屋与在公元3世纪按古典方式建造房屋的意义就有很大不同，到了16世纪又有所不同。看待建筑时我们总是把建筑置身于一个由我们以前看到的建筑组成的大背景中，这影响了我们对建筑的真实感受——事实上，这意味着我们注意到了建筑的不同层面。建筑的造型可能多少变化不大，但是，在不同的时代、在不同的文化中我们会认为这些建筑是不一样的，甚至每个人眼中的建筑都不同，这取决于我们的经历和学识。

第三章

建筑如何变得伟大

一些特殊的建筑

有一些建筑比其他建筑更为重要。例如，写一本关于古希腊建筑的书，却不提帕提农神庙（图7），那几乎是不可思议的，但是，即使不提位于基西拉岛的阿芙洛狄忒[1]（Aphrodite）神庙，倒也不一定会影响这本书的权威性。阿芙洛狄忒神庙在当时是一座重要的神殿，但是它的遗迹现在已经不复存在。事实上，真正的古希腊神庙遗存现在非常稀少，弥足珍贵，因此，一本书就可以提及所有这些遗存，或者至少提及所有这样的遗存——考古发掘帮助人们进行复原设计，这样原遗址上的那座巨型建筑就呈

---

1 阿芙洛狄忒，古希腊神名，是代表爱与美的女神，又称为维纳斯神。

现在了世人面前。在古代，神庙建筑远比现有遗存要多得多，其中一些神庙可能用的是容易糟朽的材料，现在早已损毁，无迹可寻。随着时间的流逝，留存下来的希腊神庙屈指可数。有些时期、有些地方留下来的希腊神庙甚至更少。例如在盎格鲁－撒克逊人的英格兰（罗马人离去与1066年诺曼人到来之间的这个时期），大多数建筑都用的是木结构，这些建筑早已朽毁，没留下一点线索供人们探寻。留存下来的建筑——很不寻常——是用石头建造的，而且留下来的也只是断壁残垣，因为这么多年来，人们在这些建筑上进行扩展或重建。整体上说，那时的住宅很少用石头，但是，有时教堂用的就是石头；在有些地方，教堂是一个聚落繁荣与发展的一部分，在上千年或更长的历史长河中，教堂在某个时候被改造或重建。因而，我们所知道的为数不多的盎格鲁－撒克逊时期的建筑都是当时处于鼎盛时期的聚落中的教堂。因此，那些要建更为恢宏的哥特式教堂的公民自豪感在这里从未占据过主导地位。近几十年来，对建筑的认识得到了其他信息的补充，这些信息来自于对朽烂在地下的木构遗存的发掘分析。腐朽的木料改变了木料所在地土壤的颜色与密实度，如果这期间这块基址上没有反复建造房屋，也没有用现代平铲深推过，那么就有可能推测出建筑物当时的样子。因此，如果我们试图展现盎格鲁-撒克逊时代的建筑，那么我们发现颜色发生变化的土壤样本所在的位置是我们的重要依据，如果流传下来的一座建筑被证明是盎格鲁-撒克逊时代的建筑，我们肯定不会忽视它。从历史的角度来看，这样的一座建筑具有重要价值，即使它很不起眼。

如果我们试图写一部有关现代建筑历史的书，那么，我们面临的问题恰恰相反。要提的现代建筑太多，无法逐一提及，而事实上几乎所有的一切都不得不略去。一个现代大都市中最大的现代建筑往往是商业建筑——办公大楼、购物中心、多层停车场等等。在一本讲述建筑历史的书中，这些建筑往往不会入选，因为它们似乎不具有文化上的重要性。当然也有一些少有的特例，像纽约的西格拉姆大厦（图18）就具有非同寻常的地位，原因将在后面解释。即便是非常著名且视觉效果良好的建筑（如费城市政厅）也不具备足够广泛的文化意义，很难入选一般性的建筑综述，而一座小型住宅，如施罗德住宅（图9），不显眼地隐于乌得勒支的中心之外——乌得勒支市远比费城

图18　西格拉姆大厦，曼哈顿，纽约（1954—1958）；建筑师：密斯·凡·德·罗（Mies van der Rohe, 1886—1969）和菲利普·约翰逊（Philip Johnson, 1906年生）。密斯·凡·德·罗是一位非常严肃的建筑师，他曾是培养新型设计人才的设计学校——位于柏林的包豪斯的教务长。他于20世纪30年代离开德国移居芝加哥，在那里他加强了对曾认真思考过的钢骨框架建筑的关注。他在美国获得的比较早的设计委托都位于芝加哥，或芝加哥附近，其中包括一座为伊迪丝·范斯沃斯（Edith Farnsworth）设计的一座透明得令人吃惊的钢框架住宅（1945—1951）和一组位于芝加哥湖滨大道第845-860号

小——却是20世纪最知名的建筑物之一。在建筑师眼中，施罗德住宅无疑是20世纪最著名的荷兰建筑。事实上，在非荷兰籍的建筑师看来，施罗德住宅很可能是有史以来人们最熟悉的荷兰建筑，尽管在乌得勒支的中心一个十分突出的位置上有一座大约与施罗德住宅建于同一时期的邮局大厦，非常壮观。这座邮局大厦在材料的使用上颇具尝试性，它用传统的荷兰砖砌筑了一系列抛物线形的拱，并在拱洞之间设置了玻璃窗，从而使中央大厅阳光充足，气势颇为壮观。这座邮局大厦更为宏伟，在技术上也更为高超，它的室内空间同样令人震撼，然而，只有业内人士知

的可以俯瞰密歇根湖的公寓建筑（1948—1951）。本图所示的西格拉姆大厦也全部用玻璃作外壳，并且分成了绝对规则的钢构网格。西格拉姆大厦是一座享有更高声誉的设计项目，这既是因为它所处的显著位置，也是因为它的造价预算十分高昂。这座建筑的玻璃是青铜色的，窗子之间竖直方向的直棱是暗青铜色的。西格拉姆大厦没有像一般的建筑物那样为了符合当地的建筑设计规范而让上部各层从人行道线上后退，而是将一大片用地基址处理成了公共的开放空间，从而使得这座建筑从广场边缘到屋顶都采用了垂直的造型，而不必将直棱的竖直线条打破。这是一个非常铺张的做法，如果在一个地价较低的城市，这样的做法也许没有那么具有轰动效应，也更容易模仿。西格拉姆大厦已被看作是一个范例，可以教大家如何设计出一座经典的钢骨框架结构的高层写字楼。西格拉姆大厦被大量模仿，而它的神秘感却并没有因此而削弱。

道设计人是谁。这座邮局大厦充其量不过是一座地方性
建筑。

声望与愉悦

文化的影响力在这里起了作用。对于普通事物我们往
往觉得没有解释的必要，因为它们太普通，不值得关注。
我们一次只能关注一件事，因此把注意力投向与众不同
的、特别的事物才是明智之举。因而，我们注意到了帕提
农神庙和悉尼歌剧院（图19），但是，对于普通希腊人或
普通澳大利亚人的住宅，建筑史书上则着墨不多，当然，
如果我们要对这些住宅进行研究，我们对生活其中的人的
生活方式肯定会了解得更多。而古希腊可供探究的住宅建
筑遗存不多，因而不可能肯定地说人们是如何使用它们
的，但是现在人们尝试着去推测，然而在对古希腊进行研
究的大部分时间里人们认为这不是一个值得提出来讨论的
问题，因为能够使讨论深入的证据几乎是少之又少。当人
们来到悉尼现代化的郊区时，看到那里的住宅并不像悉尼
歌剧院那样令人赏心悦目，但是这座住宅却能够让我们了

图19　歌剧院，悉尼，澳大利亚（1957—1973）；建筑师：约翰·伍重（1918年生）。丹麦建筑师约翰·伍重在1957年的一次国际竞赛中以一些潦草但却优雅的草图赢得了悉尼歌剧院的设计委托。这座建筑的设计随着工程师欧维·阿鲁普（Ove Arup）及其合伙人的深化而有所改变，因为他们要与建筑师合作以找到实现这些设计思想的方法。早在悉尼歌剧院的内部装修完成之前它已成为澳大利亚这个国家最常使用的象征符号，悉尼歌剧院的修建可谓是充满了传奇色彩。建筑之较低的部分是一些几乎无法开窗的体块，伸出到悉尼港之中，看起来就像是大陆的一部分，并构成了建筑的基座，在基座上展现的是适于拍摄的贴饰有瓷砖的混凝土壳体部分，壳体覆盖之下的部分就是观众大厅的所在。

解生活在这种文化中的住户的生活，正是这种文化产生了
悉尼歌剧院，这就使得悉尼歌剧院得以建造更加不同寻
常——不同寻常本身是确定无疑的。有无数文化上的和建
筑实践方面的理由来说明修建悉尼歌剧院几乎是不可能
的。澳大利亚人在国际上更多地以其对冲浪运动与野餐烧
烤的热爱出名，而不是以其对歌剧的热爱而著名，但是他
们为寻求一个好的设计而举行了一项大规模的国际竞赛，
结果丹麦建筑师约翰·伍重（Jorn Utson）以他富于吸引
力的草图赢得了竞赛。伍重并不知道如何实现他的设计，
因此为了使设计蓝图变成现实，他对设计方案作了重大修
改。这项工程的造价一直很高，但是因为这是一个实验性
的创新设计，人们没有预料到造价逐步攀升，澳大利亚人
不得不去寻找新的资金来源（为了获得经费还专门设立
了一种彩票）。建筑师伍重受到了攻击，并且被解雇了，
于是澳大利亚人又请了其他人来完成建设工作，并让他找
到一个方法使这个花费高得惊人的庞然大物能够满足歌剧
院的使用功能。悉尼歌剧院已经建成，并已经嵌入到我们
这个时代的文化景观中，在我们眼里，它似乎天生就是世
界的奇迹，是整个澳大拉西亚的象征，这一形象传播到了

世界各地。悉尼歌剧院是最新奇瑰丽的现代建筑之一，但是，它在现代建筑历史上所处的地位并不那么令人信服，因为很难从中看到建筑的传承发展。悉尼歌剧院看上去气势非凡、风格独特，但它显然不是翻开建筑史新篇之作。

而纽约的西格拉姆大厦（图18）却掀开了建筑史新的篇章。这座建筑由密斯·凡·德·罗[1]设计，他曾经是德国著名的激进设计学院包豪斯的最后一任教务长。在20世纪30年代，随着纳粹的当权，许多人离开德国移居美国。他们这样做的理由各不相同。一些人知道他们留在德国会有生命危险。密斯试图留在德国，但是他发现不可能按照自己的想法进行创作，因为希特勒对设计颇有兴趣，并决定倡导一种更为传统的建筑类型，但现代主义建筑却因其非德意志性而遭到了禁止。因而，几经周折，密斯中断了自己的事业，移居美国，落脚在芝加哥，成为伊利诺伊理工学院的一名建筑学教授，并设计了这所学院的校舍。

1　密斯·凡·德·罗（1886—1969），德国建筑师，著名现代建筑大师之一，曾任德国包豪斯设计学院的教务长，后移居美国芝加哥，在现代建筑中提倡"少就是多"的理论，并有较大影响。

（沃尔特·格罗皮乌斯[1] [Walter Gropius]，包豪斯的第一任

教务长也同样移居美国，成为耶鲁大学的建筑学教授。）

密斯有很大的个人影响力，他也将这一影响力发挥到了极

致。他在艺术上的目标是消除建筑创作中个人风格的影

响，发展出以理性的方法表达建筑的钢骨架结构的建筑类

型。芝加哥的高层建筑都是钢骨架结构，但是，较早时期

的高层建筑采用的是历史上的装饰手法，以使其披上一层

文化上受尊重的外衣。这一处理手法与古罗马人用传统的

希腊建筑装饰来包裹他们大胆而新颖的穹隆式结构的做法

如出一辙。例如，胡德设计的芝加哥论坛报大厦是一座引

人注目的漂亮建筑，它用石头进行贴饰，具有哥特式的装

饰风格，因此它表现出了非常优美的建筑外观，与历史

上的纪念性建筑相媲美（图20）。其实，芝加哥论坛报大

厦的所有者希望产生这种效果，为了实现这一效果，他们

把从世界各地著名建筑上"切割"下来的石头嵌于其中。

当然，这些石头并不是真的从著名建筑中切割下来的，否

1　沃尔特·格罗皮乌斯（1883—1969），德国建筑师，著名现代建筑大师
之一，曾任德国包豪斯设计学院的教务长，后移居美国，是现代国际式建
筑的代表人物之一。

图20 芝加哥论坛报大厦，芝加哥，伊利诺伊（1923—1925）；建筑师：约
翰·迈德·豪威尔斯（John Mead Howells，1868—1959）和雷蒙
德·胡德（Raymond Hood，1881—1934）。1922年，《芝加哥论坛
报》的所有人组织了一个国际性的设计竞赛，以期找到一个设计方
案能使自己的总部成为世界上最漂亮的办公大楼。这一竞赛吸引
了全世界许多著名建筑师的参加，并且举办了一个参赛作品的巡
回展览，因此，由雷蒙德·胡德所做的获奖设计即刻变得尽人皆

则那些著名建筑就会遭到破坏。人们称这些石头来自金字塔所在地吉萨或泰姬·玛哈尔陵（Taj Mahal）的所在地这样的地方。这些石头残片所起的作用是提醒我们将芝加哥论坛报大厦与历史上的伟大建筑成就相比较。相反，密斯避免使用任何形式的历史装饰，而是力图使自己的建筑

知，极具影响力。这座建筑位于芝加哥一个十分重要的基址上，芝加哥是在一个十分平坦的地方建立起来的城市，这使得几乎每一座建筑的基址似乎都没什么变化。这座塔形建筑坐落在芝加哥的重要街道——密歇根大街上，濒临芝加哥河——该城唯一的一个自然特色，河岸与建筑之间有一个广场。这一方案将所有的思路都集中在建造一座高塔建筑上，它运用了哥特式建筑的装饰，以使整座建筑看起来像是要飞到那用复杂的砖石结构建成的独特的大厦顶部——这个顶部的原型是建造于13世纪的鲁昂大教堂（Rouen Cathedral）的巴特塔（Butter Tower），但却比其原型要宏大得多。正是钢骨框架的运用使得芝加哥论坛报大厦的建造成为可能，但人们却看不到钢架的存在，因为整个结构都被石灰石所包裹。因此可以说这座建筑在风格上却相当保守，在技术上却相当先进。为了赋予建筑高耸、飞腾的效果，豪威尔斯与胡德向历史上的建筑寻找答案，他们显然注意到了哥特式建筑，因为表现这种升腾之势与垂直线条也是哥特式建筑的目标。卡斯·吉尔伯特（Cass Gilbert）设计纽约的渥尔华斯大厦（Woolworth Building）时也采用了一种多少受哥特式建筑启发的风格，渥尔华斯大厦在举行竞赛的那个时候是世界上最高的建筑。豪威尔斯与胡德初次相识于非常传统的巴黎美术学院，他们都在那里学习。豪威尔斯在纽约执业，并确立了自己的声誉，所以成为获邀参加竞赛的10位美国建筑师之一。他获得了胡德的帮助，因此一般认为胡德也是芝加哥论坛报大厦的设计者。当然他是一个更为浮夸的人，在竞赛之时，他正债务缠身。当他们的事务所赢得了这次竞赛时，胡德的妻子埃尔希（Elsie）借来了支票，雇了一辆出租汽车，绕纽约一圈把支票拿给各位债权人看。

看上去就是由钢框架做成的，而事实上支撑他那些建筑的也正是钢框架。要达到这种效果听起来简单，实际上非常复杂。密斯以在设计上的独具艺术匠心而著称，因此他设计出的建筑作品看起来十分简洁。用他的话说，"少就是多"。有一种传统的说法是"魔鬼藏于细部之中"，意思是某些宏大的想法常常因为一些小的技术障碍而不能实现。密斯却反过来说："上帝存在于细部之中"，意思是说一座建筑之所以特殊是因为细部经过慎重的推敲，并圆满解决。密斯首先在芝加哥的湖滨公寓，接着又在纽约的西格拉姆大厦中确立了现代高层建筑的模式，自那以后，西格拉姆大厦作为简洁的办公大楼的典范而被人们大加模仿。这就是为什么当我们回过头来看时照片中的它显得有点乏味的原因——因为西格拉姆大厦所具有的影响，它看上去就像是一座普通的办公建筑。事实上，它比普通的办公楼建筑要特殊得多，这不仅仅是因为它开创了这类建筑的先河。西格拉姆大厦的玻璃窗是青铜色的，直冲顶端那简洁明晰的暗直棱线条用的也是青铜色，使整座建筑显得颇为高贵、深不可测。这座建筑造价十分高昂，这就意味着其模仿者建造出的建筑往往明显会比西格拉姆大厦低

劣、粗糙，但是，西格拉姆大厦具有重要的历史地位倒不
是主要因为它本身，而是因为它产生了巨大的影响，引起
了如此多的人模仿。这就是西格拉姆大厦在文化上重要的
原因，也是建筑历史总要提到它的原因所在。相形之下芝
加哥论坛报大厦可能也得到了同样多的赞美，但模仿的人
却少得多，因此我们不能说它具有决定性的影响力。芝加
哥论坛报大厦值得赞美，但是它没有改变建筑师看待办公
楼的方式，因此，它在历史上就没那么重要，即使它可能
算得上是一件更好的艺术作品（可能有争议）。我们倾向
于认为某些建筑"伟大"是因为它们改变了建筑史发展的
进程，掀开了建筑历史新的篇章，正因为如此，我们在回
顾历史时，这些建筑看起来总是"走在时代的前面"。这
与假设那些力图显得超前的建筑就是具有重要历史意义的
建筑全然不是一回事。建筑发展的方向不可能预测，因此
我们并不总是能够预言哪些建筑将会具有重要历史意义。
建筑要具有重要历史意义，取得一定的成就是必要的，但
是我们周围的建筑是如此之多，因而，我们讲述的建筑历
史不可能将所有这些都还算好的建筑包括在内。

走向新建筑

早在19世纪时，人们就呼吁要创造一种属于19世纪的新建筑，这并不包括要用源于更早时代的建筑的风格来装饰建筑。为什么不能创造一种独特的"19世纪"的建筑风格呢？例如，维奥莱-勒-迪克（Viollet-le-Duc）就主张新建筑应该从新的建构方法中产生。但是，直到进入20世纪，创造新建筑这件事也没有一个令人信服的结果。像密斯和勒·柯布西耶发明了一些让建筑看上去像是摆脱了历史装饰手法的束缚的建造方法，这样他们就采取一种现代的建造方式，那就是采用新材料——钢骨框架与混凝土板。这一切看上去好像他们成功实现了19世纪的预言，这类预言那时早已深深地植根于建筑文化之中。到了20世纪中叶，密斯和柯布西耶的思想方式在建筑界已经成为主流。他们之前的那一代人的建筑特别有意思，因为那时的人们试图重新创造一种建筑，但却没有想到建筑走上了向正统现代主义的发展道路，由此似乎每个人对于应该如何进行建筑设计已经达成了一致意见。勒·柯布西耶的一大创举就是主张大批量生产的物质产品是风格名正言顺的风

向标，因为机器生产已经取代了传统手工工人的劳作。在
1925年的巴黎博览会上，他设计了一座小亭子，称作"新
精神之亭"——这一名称源于一本叫做《新精神》的刊
物，在这本刊物上勒·柯布西耶发表了他宣言式的著述。
这座小亭子据说是为一座由许多这样的单元组成的大城市
所设计的原型式公寓，这些单元可以叠加成一座座塔形的
建筑。柯布西耶在亭子内部布置的都是大批量生产的家
具，并配上他自己绘制的受到立体主义风格影响的绘画。
如果说这座亭子如今看起来相当平淡无奇，那就说明它
产生了广泛的影响。它与前一代建筑师如维克托·霍塔
（Victor Horta）和赫克托·吉马德（Hector Guimard）一贯
推行的那种基于植物形态的新艺术风格形成鲜明的对比。
霍塔作品的手工工艺尤其繁复——精细的涡卷形状有时看
起来好像建筑和家具已软化或倒塌，有时又像是要向外伸
展出刚长出的枝叶条蔓。木头和石头并不是取其自然的形
态，必须对其加以雕琢，因此霍塔和他工作室的成员制作
出新式的石膏模型，然后再由建房的细木工匠和石匠对其
进行复制。这是一个耗费金钱的过程，因此霍塔的新艺术
作品最初只是为能够支付得起这笔费用的超级富人创作

的——那时新兴的比利时贵族——他们希望资助一种新建筑作为比利时的民族风格。赫克托·吉马德以其为巴黎地铁站所做的入口设计最为闻名，这座地铁入口建筑使用了下垂而沉重的头状花序，并发出昏暗而神秘的红色光亮，似乎在召唤行人进入一个梦幻的世界，而不是进入到一个高效的交通系统中，但是这些入口建筑的制作却非常理性，并不依赖个人的手艺，而是依靠用模具翻制的不断重复的铸铁构件。地铁入口建筑看起来可能令人困倦，然而其生产方式却是高效的。

在建筑中批量生产方法的使用为勒·柯布西耶举办大批量生产的家具展览作了准备，但是在柯布西耶活动的这个先锋派圈子中，另外一个具有关键影响的实践是"煽动分子"马塞尔·杜尚[1]（Marcel Duchamp）将大批量生产的现成用品搬进艺术陈列馆进行展览。他是从1914年开始这样做的，当时他用了一个令人惊异的沥干酒瓶的架子，但是，他最著名的"现成品"是一个白色陶瓷小便器，他在

---

1 马塞尔·杜尚（1887—1968），法裔美籍现代艺术家，纽约达达主义绘画运动的领袖人物之一，是第一位将日常用品作为艺术品展出的艺术家，其绘画作品包括《走下楼梯的裸体人》（1912）等。

1917年将其以《泉》为标题进行了展览。今天，最让人吃惊的是这件雕塑展出的时间——1917年，若是当代艺术家做了类似的事情，仍然会令小报记者感到吃惊，虽然在现在的艺术规则下，这样做已经了无风险。建筑史上也有一件作品可与杜尚的小便器或名为《泉》的作品相提并论，那就是在1928年建成的勒·柯布西耶的萨伏伊别墅（Villa Savoye）走廊中显眼位置上摆放的白色陶瓷盥洗盆，他把盥洗盆摆放在这里似乎具有某种仪式性的意义，就好像是放置了一个圣水钵[1]一样。在这两个作品案例中使用的这种大批量生产的物品都是为了取其雕塑效果，而其所在的非一般的位置使其具有了某种姿态意义。很明显的一点是，它摆放在那里并非偶然，但是，它不具有一般性的意义。人们往往会把它看成属于艺术王国和高雅文化的一种姿态，而不是将其看作世俗生活中的一件实用品，虽然这两种物品都是实用品。这类物品要表现的一部分意义是：它们是大批量生产出来的，没有感情，这赋予了它们机器美学的特征，然而这与吉马德用机器生产的装饰板并不是

1　圣水钵，指放置在基督教教堂入口处的盛有圣水的盆或钵。

图21　地铁出入口护拦及雨篷，巴黎，法国（1899—1905）；建筑师：赫克托·吉马德（1867—1942）。巴黎第一条地铁线路开通于1900年7月19日，从一开始人们都是通过一个名叫赫克托·吉马德的年轻人所设计的出入口进入地铁——他得到这些出入口的设计委托时仅有32岁。他到过布鲁塞尔，参观了维克托·霍塔所设计的流苏宾馆（Hôtel Tassel，1892），这座建筑将流行的新艺术风格带进了建筑中。在地铁车站的设计中，吉马德将这种风格融进预制铸铁件中，这些出入口可以用极快的速度出现在街坊之中，就好像是一夜之间从地下冒出来似的。一些出入口装有玻璃雨篷，另外一些没有装，但是所有入口都使用了标准的预制件。当这些出入口刚刚建成的时候，媒体一片叫好，但当新艺术运动的风潮过去后，这些出入口被移走了，而不是得到维修。1927年到1962年间，最初建成的地铁站出入口都被拆除了，仅仅留下了两个，一个在道芬（Dauphine）站，另一个在艾比斯（Abbesses）站。现在的许多地铁出入口都用的是复制品。

一回事，因为他看重的是价格因素，机器生产是以合理的价格生产装饰板的最有效方式。事实上，吉马德的装饰板并不是标准化的产品，而是他本人精心设计的，并按他所设计的建筑中的需要进行限量生产（不给别人使用）。吉马德为地铁入口所做的设计的一个有趣之处在于：除了新颖、引人注目外，这些入口在本质上都是一样的，作为地下交通系统的入口，它们显然被想象成一种建筑"类型"，而不是独一无二的个人创作作品。当勒·柯布西耶和密斯·凡·德·罗清楚地表明他们的兴趣点在于发展新的居住建筑类型和钢框架结构建筑时，人们还不能马上将吉马德作品的个性化外形与建筑生产的理性主义进程联系在一起。但是，有一点很清楚：这些入口建筑与它们所通向的交通系统一样是高效的、理性的，虽然这不是单个的入口建筑所要表达的意思。

用艺术的眼光来看，地铁似乎就是一个感性的梦幻世界，于是地铁就笼罩在一种远离我们所熟知的地上的日常生活的气氛之中。乘坐地铁被描述成落入阴间一般，然后

再像俄耳甫斯[1]（Orpheus）一样从阴间返回了人间。这种
氛围并不影响地铁成为实用的交通系统，但是其实用性并
不是地铁入口建筑所要表达的意义，与此形成对比的是，
诺曼·福斯特（Norman Foster）为毕尔巴鄂地铁系统所
做的设计则尽可能做到合理，力图让乘客在走近地铁站台
的时候保持方向感。他采用的方法是从街道地面直接连接
下来，在行进途中几乎没有转角。相反，巴黎地铁各线路
之间的连接部分如同迷宫一样，步入其中的乘客肯定会感
觉像是在地狱一样，这进一步加强了失去知觉的联想，这
种感觉或许还能解释这样一个事实：地铁在巴黎人的叙
事故事中一直扮演着某种角色，从雷蒙·凯诺（Raymond
Queneau）的《地下铁中的扎齐》（1959），到让-皮埃
尔·热内（Jean-Pierre Jeunet）的《阿梅莉·普兰的神奇
命运》（2001）都是如此。

1　俄耳甫斯，古希腊神话中的人物，传说中的色雷斯诗人和音乐家，他的
音乐的力量甚至可以打动没有生命的物体，他几乎要成功地从地狱中救出
他的妻子并返回人世。

回归基本原理

对于吉马德那一代的前卫建筑师来说，通常大自然是他们的出发点。在格拉斯哥[1]（Glasgow），查尔斯·兰尼·麦金托什[2]（Charles Rennie Mackintosh）画了一些热情奔放的花卉画和风景画，而他的建筑作品则利用蜿蜒的线条和几何图案。在芝加哥，弗兰克·劳埃德·赖特发展了他的"草原式住宅"类型，使用了宽广的飘檐，据说这是为了与草原辽阔平坦的地平线相呼应，尽管这些建筑就位于芝加哥郊区。在巴塞罗那，安东尼·高迪（Antoni Gaudí）通过研究骨架和蜂窝形成了他那极具个性的建筑处理方式。他的建筑作品中最能体现他的抱负的例子就是圣家族赎罪教堂（Sagrada Familia），他把塔楼设计成像石笋一样的古怪式样，这座建筑高迪终其一生也未能建成（图22）。这些建筑师都试图从基本原理出发重新创造建筑的形式，试图找到一种反映新生活的新的设计方式和建

1 苏格兰城市，位于苏格兰首府爱丁堡的西部，与东海岸的爱丁堡东西相对，濒临不列颠岛西北海岸，是苏格兰第一大城市。
2 麦金托什（1868—1928），苏格兰新艺术派建筑师，其具有影响力的新艺术派设计强调优雅、连接清晰和造型合理，在家具设计上也很有影响。

图22　圣家族赎罪教堂，巴塞罗那，加泰罗尼亚，西班牙（1882年始建）；
建筑师：安东尼·高迪（1852—1926）。这座教堂并不是巴塞罗那
的主教堂，主教堂是位于古城中心的一座漂亮的中世纪建筑，而
圣家族赎罪教堂的建造是由巴塞罗那书商约瑟·博卡比拉（Josep
Bocabella）发起的，他指导过"圣约瑟夫祈祷者联盟"（成立于1866
年）的工作，这个组织的成员一度发展到了50万人，包括教皇和
西班牙国王。工程的第一位建筑师很快就放弃了这个项目，高迪于
1883年接手工作，那时工程还未露出地面。这座教堂建造得十分缓
慢，主要依赖私人捐款，至今仍未完工，但是，建设工作按照高迪
的总体思路仍在继续，而高迪对造型独特的、惊人的认识是建立在
对结构原则和实用建造技巧的深入理解与再思考的基础之上的。

造方式。从风格上讲，这几位建筑师彼此之间各不相同，因此，用同一个名字来称呼他们的建筑作品，（不管是新艺术风格建筑还是别的什么名称），这对于理解这些建筑并没有什么帮助，但是，这些建筑师所具有的共同点是他们的设计都十分具有个性，明显是在刻意追求创新。他们之前的几代建筑师都习惯于追求某种"正统"思想以使自己的作品具有权威性。这样建筑看起来会与历史上那些令人赞叹的经典建筑相似，当然个人的创造性思维也会对其进行创新，但是这种创新是一定范围内的创新，是在已确立的以得体为框架的创新。即使是彻底的创新，也可以通过祈助于已有的先例而具有权威性，如果这位建筑师是向遥远的古代而不是近代学习并探求经典建筑的创作方法。

在15世纪初的佛罗伦萨，在文艺复兴开始的时候，人们周围的建筑都是些具有中世纪特征的建筑，具有探索精神的建筑师，如阿尔伯蒂和伯鲁乃列斯基就是通过对罗马建筑的关注而使建筑产生了变化。18世纪中叶，巴洛克建筑在华丽与奢侈方面达到了登峰造极的地步，这时出现了回归简洁的呼声，并要求表现出建筑的基本建构原理。这一呼吁由马克-安东尼·洛吉耶率先提出，他当时是凡尔赛宫小礼拜堂的牧师，这座小礼拜堂的巴洛克风格之典型，装饰之繁复，在世界上任何地方都无出其右。1753年他发表了一篇论文，文中设想了一座利用尚在生长的几棵树搭造而成的原始棚屋，以此作为纪念性建筑的源起。随着时间的推移，考古发掘让我们更多地了解了古希腊的纪念性建筑，以转向纯净、简洁、优雅的名义要求回归古希腊的审美趣味成为可能。然后在19世纪，虽然在一些特殊场合也建了一些其他风格的建筑以彰显异域情调，但是古典建筑是主流，这时哥特式建筑得到了复兴，特别是普金，他将哥特式建筑表现为真正的基督教建筑，丝毫没有受到哥特式建筑与异教历史有关联的影响（图5）。这些例子说明时下的审美趣味与建筑实践的每一点变化，都是通过与近代建筑的决裂、对古代建筑的回归实现的。

建筑师获得声誉的一个方法是设计出某种意义上的原创作品，这样人们一看便知这是谁的作品。高迪的建筑就是这样一个例子。没有人像他那样设计与建造房屋。然而，这并不是说建筑越独特越好，或越值得引起人们的注意。帕提农神庙是具有最高质量的建筑，但是，它看起来却与当时所有的希腊神庙非常相似，如果帕提农神庙与希腊神庙建筑大相径庭，那么，它就不会比现在的帕提农神庙更出色（图7）。我们这样说并不是说它缺乏创新：帕提农神庙并不是早前那些神庙建筑的简单重复。首先，帕提农神庙比大多数神庙建筑都要宏大，所用石料也更好，神庙的装饰性雕刻在创意上更为新颖，在工艺上也更为精美。这座建筑的不同寻常之处还在于，它在正立面上设置了8根柱子，而不是普通神庙建筑所设的6根柱子，并在立面设计中作了视觉调整的处理，这种调整几乎看不出来，但是，对石头造型的要求比普通建筑对石头造型的要求更高，需要更加小心，技巧更加纯熟，这标志着这一类建筑对精准、细腻程度的关注。除了在神庙周围的柱子上用了装饰性的中楣之外（这种做法在这类神庙建筑中颇为常见），在围绕着中室的外墙之上也设置了一条中楣，透过两柱之间的空隙可以看到它，这样的处理在以前的建筑中从来没有过。因此，可以毫无疑问地说，帕提农神庙根植于希腊神庙建筑传统之中，但是，它比之前建造的任何神庙都要宏伟和辉煌。假如菲迪亚斯、伊克蒂诺和卡利克拉特合作建造的不是这座帕提农神庙，而是像圣家族赎罪教堂那样的建筑，只要稍微想一下我们就知道这样的建筑不可能建成。若是如此，公元前5世纪的雅典公民会如何看待它？它看起来会让人觉得十分怪异、粗俗无比。它向雅典公民传达出的信息是设计者不了解、也不关心雅典人的文化。假如雅典公民看到这样一座古怪的建筑，他们看不到建筑里有任何东西让他们产生熟识之感，让他们觉得自己在一个熟悉的地方。其实我们所使用的barbaric（粗俗）一词就源自希腊语，表示"外国人"的意思，这就告诉了我们古希腊人对异族人的看法。

熟悉的和异域的文化

如果说比起古希腊人来，我们更欣赏异族人和他们的建筑作品，那么，我们也会对属于异域文化的建筑中蕴含的符号加以解读或误读。一座纪念性建筑，如泰姬·玛哈尔陵（图23），就像帕提农神庙一样，根植于它自己的传统之中，了解那些传统也就理解了这座建筑。泰姬·玛哈尔陵是古往今来众多陵墓建筑中的一座，以其无与伦比的华丽、高雅超越了其他陵墓建筑。泰姬·玛哈尔陵的形象已经为全世界的人所熟悉，但是，在世人看到它的形象

图23　泰姬·玛哈尔陵，阿格拉，印度（1630—1653）；建筑师：乌斯塔德·伊萨（Ustad 'Isa，生卒年月不详）。以美丽著称的泰姬·玛哈尔陵是沙阿·杰汉（Shah Jehan）——印度莫卧尔王朝的一位皇帝为了纪念他的妻子蒙塔兹·玛哈尔（Mumtaz I-Mahal）建造的。建筑师的名字本已被忘却，但却在20世纪30年代找到的文献中重新发现。他来自波斯，泰姬·玛哈尔陵的设计浓缩了几个世纪的伊斯兰传统。这是一个集中式构图的纪念性建筑群，包括了一座红砂岩的清真寺和种有植物的花园以及可以映射建筑倒影的水池。这座陵寝建筑完全用白色大理石包裹，使得泰姬·玛哈尔陵给人一种飘渺似仙境的感觉，无论是强烈的阳光与阴影的交相映射，抑或是黯淡的月色与光影相依相伴，还是伴有落日余晖的五彩斑斓，它都给人这种感觉。这座建筑的优美姿态感动了所有评论者，对其极尽赞美之词，它累积了许多无法证实的浪漫神话。

时，很少有人依据其所在地的文化去解读它。在旅游遍及全球的国际文化中，泰姬·玛哈尔陵是作为整个印度次大陆迷人的异域风情的象征出现在世人面前，就像悉尼歌剧院被看作是澳大利亚的象征一样。这些形象为全世界的人所熟悉，是旅游文化的一部分。因此，当其他国家的旅游者追寻这些著名景点而来并为这些建筑拍照的时候，他体验到的倒不是面对某种新奇、神秘的东西而产生的对立情绪，相反，他有一种熟识的感觉。拍摄经典的旅游照片（"我来了，正站在埃菲尔铁塔前面"）并不是了解世界建筑的方法——在旅游指南中有更为清楚的照片和更为详实的说明——而是证明他属于能够周游世界的特权精英阶层的一个方法。现在能够到世界的另一端去旅行的人比以往任何时候都多，而且这样做并没有很大的困难，也不需要出具任何非常有说服力的理由。新闻和思想在世界范围内的传播更为容易，也更为迅速，因为我们文化中的某些部分已经全球化了。如果我们想对泰姬·玛哈尔陵及其重要性有更多的了解，那么我们就需要对印度北部以及波斯的伊斯兰建筑进行研究，因为泰姬陵的建筑师就来自波斯。如果我们希望更多地了解悉尼歌剧院的建筑形式中蕴含的意义与所具有的重要性，我们在澳大利亚的内陆地区找不到答案，而应该到丹麦，或许应该到地中海地区去寻找答案，因为约翰·伍重曾经在地中海地区为自己建造了一座住宅。文化影响与建筑所在地的关联不尽相同。

选择勒·柯布西耶为昌迪加尔（图6）的建筑师同样有多种复杂的原因。他不是当地的建筑师，而是一位在西方建筑文化中确立了自己的重要地位的建筑师。他所属的文化从许多方面来说都是远去的殖民国家的文化，而这个新独立的邦希望与这种殖民国家的文化有所区别。通过当地的工人来建成高品位的现代建筑，这个邦显示了自己意欲跻身现代世界的雄心。考虑到旁遮普邦的雄心，如果要修建一座看起来像是新德里的帝国建筑那样的新古典主义建筑可能就不适当。昌迪加尔的这些设计出自权威的现代主义建筑设计师之手，表明旁遮普邦有一个全新的开始，但是，具有讽刺意味的是，若不是前殖民统治者的代表人物（麦克斯韦·弗赖伊[Maxwell Fry]和简·德鲁[Jane Drew]）一直在努力说服当局和勒·柯布西耶本人，说只有他才能胜任这项工作，那么，勒·柯布西耶根本就得不到这个设计委托。这是一个后殖民主义特征鲜明的设计，

图24 古根海姆博物馆，毕尔巴鄂，西班牙（1997）；建筑师：弗兰克·盖里（1929年生）。弗兰克·盖里生于加拿大，最初是以学生的身份来到加利福尼亚，然后在那里定居，并开始了他的建筑实践。他最初做的设计都颇为传统。他在位于圣塔莫尼卡的家中开始的实验性工作把他带向了另一个方向：他设计的建筑在外形上更多地符合雕塑造型的传统。他为毕尔巴鄂的古根海姆博物馆所做的设计既宏伟壮观，又引人注目，并帮助这座西班牙的偏僻城市引起了全世界的关注，并在世界文化地图上确立了自己的地位。古根海姆博物馆是用钢骨架建造的，表面贴饰的是钛板，而其内部是用于艺术品展览的美术馆这一点倒似乎变得不那么重要了。这座建筑是在建筑领域绽放的烟花。

它既能够赢得前殖民地居民的尊敬，大概也能够满足当地社区的需求。昌迪加尔的设计在许多方面完全颠覆了布赖顿皇家亭阁（图3）体现出的我们对印度文化的态度，皇家亭阁表现的印度被幻化成了一个具有异国情调的仙境。而在昌迪加尔，我们看到了印度的形象，或者更具体地说，是旁遮普的形象——一个发挥着重要作用的现代化邦。

毕尔巴鄂的古根海姆博物馆（Guggenheim Museum，24图）肯定属于全球性的旅游文化。这座建筑将毕尔巴鄂市变成了一个全世界的人都向往的旅游目的地，从而在改变这个小城市的命运方面发挥了重要作用。古根海姆博物馆为毕尔巴鄂带来的好处远远大于它的造价，虽然这造价看上去相当高。古根海姆博物馆收藏的艺术品如果收藏在一个不起眼的小房子里当然也可以看清楚。古根海姆博物馆所属的文化传统中没有多少其所在地——西班牙北部的因素，反而更多地带有洛杉矶——其设计地的许多元素。它的造型是弗兰克·盖里在他那非比寻常的、个性化十足的工作室里发展出来的一组造型中的一部分，显然，这属于盖里自己的个人传统，这一传统已经有了几十年的历史。从更广的意义上说，古根海姆博物馆的造型也属于从艺术世界发展而来的前卫传统，这使得它非常适合收藏和陈列前卫艺术作品，我们再一次注意到，这些前卫艺术作品并非本地艺术家之作，而是国际上认可的艺术界明星们的作品。因此，这所博物馆的收藏与美国大城市博物馆收藏的当代艺术藏品有更多的共同点，而与附近地方小镇中的当代艺术藏品的共同点却不多。通过与国际艺术界的全球化文化的交融，毕尔巴鄂才能够在国际舞台上大放异彩，才能够吸引来游客和投资。古根海姆博物馆成功地被两种文化（前卫艺术文化与旅游文化）所接纳，在这两种文化的共同作用下，它才获得了成功。

我们再一次看到，建筑师自己的文化是另一种东西。盖里的创作灵感可能是从将纸板折皱，然后再松散地摆放在一块基址平面之中获得的，但是，将折皱的纸板粘结在一块板上与将一个能够用于展览艺术品的艺术陈列馆建造在西班牙的用地基址上，这两者之间有着天壤之别。一系列技术问题会接踵而至，如果要在建设过程中保证设计思想不受影响，那么，处理这些技术问题时就必须要敏感，而且需要高超的技巧。例如，如果这些造型无法建成，那么就不得不改变造型，因而必须找到建造方法。在这座建筑中，钢骨框架被用来形成基本的形状，然后用可以曲折变形的镀钛板来覆盖钢骨框架。在电子计算机成为工程师日常必备的设施之前，要认真考虑这种建筑是不可能的，因为其中涉及的数学运算太复杂。钢板和钛板没有在工地上切割成型，而是在工厂加工的，因为构件的切割成型在工厂做得更为精确。后来，这些构件被运到施工现场并逐一安装到位就丝毫不足为奇了。古根海姆博物馆的所在地与盖里创造了这一建筑造型的工作室完全不同。他曾经将瓦楞纸板黏结成了一个大的体块而做了一把扶手椅，然后又用链锯进行塑造成型。

构架与体块

那些看着自己设计的建筑顺利建成的建筑师必须关注建造的过程，因为他们常常是在这一过程中发现建筑作品的最终表达方式。例如，可能要把砖用在体现砖的特性的地方，如墙体和拱券，而钢则要用在能够体现钢的特性的地方，如格网框架。一座钢结构房屋通常需要墙体与窗户以便为人们所用。用墙体包裹钢构架并使钢构架隐藏在人们的视线之外的做法是可能的，这样可以使建筑看起来坚实、稳固。然而，建筑师可能把这种处理方式当成原则：巧妙布置墙体的实体部分以造成是钢骨架在支撑建筑的感觉，而墙体则仅仅是非结构性的屏风，密斯就是这样做的。如果建筑师极其注意结构的细节处理，那他有可能设计出能够得到其他建筑师崇敬的优秀建筑，但是，这种对结构的细节处理在缺乏经验的建筑师看来很像是普普通通的工业劳动。即使西格拉姆大厦，虽然它名望高，具有不可低估的里程碑似的意义，但它从来没有被当作旅游景点来宣传，当然建筑设计界除外。事实上，这里说的"表现方式"这一概念并不像开始那样直接，因为在垂直与水平方向均匀布置的结构网格并不是建筑结构的全部。一座建筑还需要使用交叉的斜撑，以防止建筑的整体结构在强烈的风荷载下向侧面倒塌（第20层的风力要比地面的风力大得多）。密斯并没有让这些位于对角线上的斜撑表现出来，但是，其他建筑师就表现了这些斜撑（例如，斯基德摩·欧文·梅利尔设计事务所[Skidmore Owings and Merrill，简称SOM设计事务所]在芝加哥的约翰·汉考克大厦[John Hancock]就是这样处理的）。将高层建筑中的钢构架暴露出来也是一个问题，因为建筑结构需要比钢结构更耐火。因此，在密斯设计的建筑中，钢柱有时不得不用保护性的材料包裹起来，如混凝土。为了表现建筑结构，他随后将柱子用钢套起来，使得建筑看上去就像是被更大的钢柱支撑着一样。这里要表达的意思是：即使建筑师决定让建筑表现它自身的结构，那也并不是说设计过程本身就能够解决这一问题。建筑师要作出许多常常关系到改变建筑外观的决定。例如，建筑师为什么着力表现抵御重力的结构，而不表现低御风力的结构呢？建筑师为什么不表现柱子已获保护从而使建筑在防火方面更为安全这一事实呢？房屋居住者可能会觉得那样做更让人放心。毫无疑问，对这个问题的回答要考虑到深厚的文化传统。有着2,500多年历史的西方传统认为柱子在建筑物中具有特殊价值，它们被看作是建筑的美学效果的基础。重要的建筑都有大尺度的柱子。地位崇高的建筑的柱子选料上乘、精雕细刻。在希腊语中，柱子被称作stylos，这个词是英语中style（风格）一词的词根。围绕着希腊神庙排列的柱列被称为peristyle（围柱式）。一座没有柱子的建筑被称为astylar（无柱式），也就是没有风格。

传统与创新

西方的这一传统受到了挑战，因为有的人试图表现建筑的其他重要方面，诸如供热与通风设备，这些设备可能在总造价中占有很大的比例，而且很难隐藏。例如，巴黎的蓬皮杜艺术文化中心（Centre Georges Pompidou）就将各种服务性管道和循环系统——楼梯、自动扶梯和电梯——都布置在了十分显眼的地方，这些设备在建筑结构中穿梭，使这座建筑别具一格（图25）。蓬皮杜艺术文化中心的结构处理非常巧妙，因此那些巨大的柱子大部分都隐藏在了建筑内部，于是从主要立面上看到的结构几乎就是一个看上去像脚手架的优质钢制网格架。当人群蜂拥而至的时候，蓬皮杜艺术文化中心看起来不过就像是一个专门为其内部、周围举办的活动而搭建的支架，而这正是这座建筑要表现的意义。蓬皮杜艺术文化中心是被当成一台"设备"，而不是一座纪念建筑来设计的，它为人们举行活动提供场所，而不是决心拥有一个漂亮的、满足所有功能的造型。通过照片看到这座建筑的人会将其看成一个钢构桁架的装配体，让人联想到炼油厂，但是，来这里参观过

图25　蓬皮杜艺术文化中心，巴黎，法国（1977）；建筑师：伦佐·皮亚
诺（Renzo Piano，1937年生）和理查德·罗杰斯（Richard Rogers，
1933年生）。蓬皮杜艺术文化中心是一座文化综合体建筑，其中有
图书馆、美术馆和相关的服务设施。它建在巴黎中心地区的一个日
趋没落的区域（比欧堡），由于这座建筑成为了人们参观游览的热点
地区，这一地区得到了复兴。它对于必须将这一类建筑建造成纪念
性建筑的倾向提出了挑战，蓬皮杜艺术文化中心看起来不过是一个
脚手架，让各种充满活力的活动都有各自合适的位置。在设计的早
期，几乎每一样东西都可以移动——即使楼板也不例外——但是，
随着设计的深入，人们发现这样一种设计思想花费过高，难以实
现。在夏天，中心外面通常会有一群群人，有的在中心前面的广场
上欣赏街头表演者的表演，横贯整个正立面那醒目的电动扶梯上，
几乎总有参观的人流不断地向上涌动，而在人们随着扶梯向上的过
程中，巴黎开阔的景象也渐渐尽收眼底。

的人记得更清楚的则是顺着自动扶梯向上的过程，站在屋顶向外眺望看到的开阔景观，以及屋顶咖啡厅、各样的展品或街头艺人。对这样一座五彩缤纷的庞大建筑来说，蓬皮杜艺术文化中心的含蓄令人惊异，但是，它的实现方式与其他建筑如帕提农神庙是如此不同，以至于我们会怀疑"建筑"这个范畴都用于这两座建筑是否合适。

尽管如此，事实上这两座建筑都隶属于相同的传统，并具有某些共同之处。当然，它们在姿态或氛围上又有许多不同，这些不同是如此明显，无需逐一指出。然而，这两座建筑本身就是一件艺术展品，也都收藏有艺术珍品。就帕提农神庙来说，备受尊崇的雅典娜神的雕像占据了大部分室内空间，但是，更为神圣的文物则被珍藏在距离帕提农神庙不远的伊瑞克先神庙。蓬皮杜艺术文化中心在不断变化的展览中展出主要艺术作品，但是，那些最为人景仰的艺术珍品却都收藏在距此地不远的卢浮宫。每一座建筑都主导了一个室外的空间，就帕提农神庙来说其外部空间被更为正式地称为神圣场所，而蓬皮杜艺术文化中心的外部空间则是一个划分明确的公共广场。每一座建筑的室内最为隐秘的部分都限制使用，专供沉思之用，不管这个

最隐秘的地方是一位神灵的雕像的所在，还是那些收藏了
极具价值的艺术作品的地方。每一座建筑的室外空间都同
样充满了喜庆气氛。在祭献的日子，没有物质实体的众神
只要闻到刚屠宰出来的牛肉的香味就十分满足了，而雅典
公民就要享用这丰美的肉食——那一套套分布在柱廊之
中的餐厅曾经是希腊圣殿的一个特征。蓬皮杜艺术文化
中心广场有街头娱乐表演，还有咖啡馆。在帕提农神庙
的柱楣上雕刻有一队行进中的人物，而蓬皮杜艺术文化
中心则避免使用任何雕刻性的装饰，但是，当参观者
络绎不绝地顺序进入横穿建筑正立面的自动扶梯时，他
们就成了行进中的队伍。而且这一行进队伍在这两座建筑
中所处的位置几乎是相同的，也就是在室内与室外之间的
某个地方：在帕提农神庙里这个位置在神庙周围的柱廊之
中，在柱子之间可以看到；而在蓬皮杜艺术文化中心，这
个位置位于一个玻璃管道中，从广场上可以看到。这两座
建筑之所以这样处理可能是因为它们关注建筑结构的表
现。有一个传统（关于这一点还存在争议），即神庙建筑
的多立克式柱楣，如帕提农神庙中的柱楣，是对用木头建
造神庙的那个时代的记忆，那些几何化的三竖线花纹装饰

板表现的就是木构大梁的尽端。蓬皮杜艺术文化中心的各个部分连在一起,而且这些连接手法十分显眼,于是这些构件本身的装配方式就成为了建筑的装饰。另外,这两座建筑都有非常清楚的矩形平面,这绝非偶然:但就蓬皮杜艺术文化中心来说,这个矩形平面似乎不那么直观,因为建筑的一些部分延伸到一个下沉式广场的下面。也许这些比较没什么意义,相对于这两座建筑的差异来说也不是那么重要,但是,我这里要表达的意思是我们看到蓬皮杜艺术文化中心时无疑会想到其他建筑,无论是伟大的文化纪念建筑还是炼油厂。但是,毕尔巴鄂的古根海姆博物馆就不是这样,它的造型不同于我们见过的大多数建筑,其差别之大令人惊异。古根海姆博物馆看起来既不像一座权威的纪念建筑,也不像是一座炼油厂,也不像其他美术馆建筑,但是,随着它的形象日益为人们所熟悉,我们逐渐承认它是一座美术馆。那么我们又该如何理解这座建筑呢?创新并不是建筑的终极目标,创新是一把双刃剑,因为彻底的创新完全没有意义。事实上,古根海姆博物馆并非毫无意义,因为它与另一种传统有着紧密的联系,考虑到这座建筑的功能,这种关联非常合适：它看起来像是一组雕塑。我们往往透过雕塑的标准来看待它，我们也愿意因为这些造型的缘故来欣赏其造型，尽管在事实上这些造型并没有反映出建筑内部的使用情况，也没有清晰地表现其建构方法。钢结构框架被完全包裹了起来，因而人们不需要注意钢结构的存在。室内空间与建筑外观全然不同，就像布赖顿皇家亭阁的中国风室内与其印度式外观截然不同一样。与大多数雕塑不同，古根海姆博物馆有一个室内空间，但是，如果从外部看过去，它更像是一个可以居住的有用雕塑，而不像是一座建筑。如果熟悉盖里的其他建筑，这一印象需要加以纠正，因为从那些建筑中可以看出盖里的个人传统平稳发展的脉络，在这个发展脉络中，每一座新建筑都是盖里个人传统的新发展，这种发展不可预测，但若是回顾过去，这种脉络发展又是清晰的。

当我们遇到建筑时，我们的感受是自然流露的，但是，这种感受经过了文化的过滤。这种文化是在前往这些建筑的所在地的旅程中习得的，其中一部分是刻意学习的结果，一部分则是无意中习得的。我们无意中习得的那些文化将是我们所处文化中的点滴事物，而我们的出生以及我们活动的圈子也会产生文化。这就是我们大多数人在大多数时候感觉最舒服、自在的文化，在这种文化中，我们过着自己的日常生活。因此我们遇到的事物最重要的一点就是对它们的熟悉。不时也可以有一点新鲜感，这样我们就不会有无法排解的乏味之感，但是，我们对周围环境的熟悉就像朋友那可以预见的态度一样令人放心。如果某个我们认为很了解的人开始以难以预料的方式行事，我们就会开始感觉不安。

经过培养的审美趣味

我们文化的另一个部分就是我们用这样或那样的方式刻意获得的文化。显然，我们能够刻意培养自己的审美趣味。但是，我们愿意这样做的原因就不是那么清楚了，因为在开始阶段，我们为此付出的努力要远远多于立刻获得的快乐。我们必须坚信我们付出的努力必然会有好结果。举一个音乐方面的例子，很少有人在第一次听一首曲子的时候就认为这是最好的曲子，如果越听越觉得它不好，那么我们肯定会认为这是一首很糟糕的曲子。我们需要让自

己熟悉音乐的声音世界，这样我们就对可能出现什么样的
声音序列有一定了解，然后，我们在聆听音乐的时候就会
对自己的第一反应感到愉悦，因而一个人能够通过了解莫
扎特创作的其他曲子来欣赏一曲莫扎特的音乐；但是如果
要在第一次听巴托克[1]（Bartok）的曲子时就能够喜欢他的
音乐，只熟悉莫扎特音乐中的高雅是不够的，因为巴托克
的音乐中伴有复杂而晦涩的和声以及匈牙利民间舞蹈中充
满活力的不规则韵律。只有当一个人对巴托克的声音世
界更为熟悉之后，他的音乐才能打动人。建筑领域也是
这样，有一些建筑仿效的是人们一眼就可认出的经典建
筑——西方文明发展史上最常见的建筑就是各种各样的古
典主义建筑。也有一些地方性传统以及最近兴起的现代主
义的国际化传统及其各种变体，这些传统能够变成建筑师
的个人传统，如弗兰克·盖里以及在世界各地设计"标志
性"建筑的其他建筑师。建筑之所以在世界上享有声誉一
部分原因是因为它是一个可以识别的建筑设计师的作品，

1　比拉·巴托克（1881—1945），匈牙利作曲家，20世纪最重要的作曲家
之一，其音乐中揉和了匈牙利民间音乐及当代音乐的影响和他个人的独特
风格，1945年9月他于纽约逝世。

而且可以被对当代建筑感兴趣的人认出来。一座城市可以通过汇聚这一类建筑而获得声誉，因为这些建筑表明该市在这个国际性的世界上占有一席之地。我们可能是通过偶然的机会了解我们当地的建筑，特别是如果我们经常使用这些建筑，我们就会对它们产生强烈的看法，这些看法是我们对这些建筑是在生活中帮助了我们还是使我们感到惊愕作出的反应。不用特地去想，我们可能暗自感到高兴，因为这些建筑依然立在那里，就像是参照点，通过它们我们可以设计一条穿越熟悉的城市的行进路线。当然这些作为参照点的建筑可能非常普通，或者，如果我上班时要经过威斯敏斯特，那么，我可能发现我把国家纪念性建筑，如威斯敏斯特宫当成地标性建筑在对待。我们对建筑的反应既取决于我们对这些建筑的看法，也取决于这些建筑本身，假设它们依然还在那个位置上。但是，这种对建筑的看法只具有地方意义，将不会促使任何人前来拜谒这些建筑。因此，我们需要确认一点，即讨论中的建筑确实因为这样或那样的原因而非常特殊。在一些情况下，这座建筑可能非常宏伟，引人注目，不同于我们曾经看到过的任何建筑，或者就像西格拉姆大厦和帕提农神庙一样——是某

个广泛运用的建筑类型那极具艺术成就的原始实例，这就
使得这样的原始实例具有了某种权威。这样的建筑之所以
重要不仅仅因为它们精美、漂亮，而且还因为它们是讲述
了各个时代建筑发展的建筑历史的一部分。在建筑发展的
历史上，关键性的建筑"经典"——但凡有一定文化修养
的人都应该知道。在德语中，用"教养"（Bildung）一词
来指这种水平的文化修养，这个词在英文中没有十分精确
的对应词，但是不管怎样，人们仍然有一种感觉，即人们
应该了解某些建筑。如果我在与一位声名显赫的建筑史
学家对话时发现他没有听说过帕提农神庙，那么，拿我来
说，我就会认为这位仁君是浪得虚名。一些建筑在我们
的文化中是如此频繁地被用作参照点，因此，如果一个
人不了解这些建筑，那就说明他根本就没有参与这种文
化。这里所讨论的文化不是地方性的文化，而是国际性的
文化——这并不是说这种文化在所有的地方都是整齐划
一的。如果回顾本书所选的建筑实例，可以很清楚地看
出我是从西方传统的角度来写这本书的。图2 所示的那座
农舍是作为低层次的传统建筑的典型实例选进本书的，没
有人指望建筑史学家能够准确地认出它。这座农舍名不见

经传。而本书插图所示的其他建筑都非常有名，专业性更强的伊特鲁里亚神庙除外，但是，在我介绍那段建筑史时配这幅插图是必要的。所选的大多数建筑都经受住了时间的检验，并且已经证明自己是对建筑进行讨论和分析时的有用参照物。一些我个人极其喜爱的建筑，如伊斯坦布尔的圣索菲亚大教堂（Hagia Sophia）以及路易·康（Louis Kahn）设计的金贝尔艺术博物馆（Kimbell Museum）并没有被纳入到本书的讨论范围之中，这使我感到惊讶。如果我来自世界的另一个地方，那么我会试图举一些别的例子来介绍建筑。我选择的西欧建筑可能较少，而如果我植根于另一个传统，那么对于什么是重要的建筑，什么是边缘的建筑，我会有不同的理解。然而，若是换了其他人来选择，本书所选的许多建筑无疑也会被选中，因为选择这些建筑的目的是介绍一批具有重要意义的建筑，任何一个对建筑感兴趣的人都会熟悉其中的大部分。如果从不同的角度讲述建筑史，那么想象另外一些经典建筑是可能的，那么所选择的建筑就会有所不同。这样做无异于对本书目的的彻底背离，因为本书旨在介绍一些大家公认的杰出建筑。一旦一座建筑成为经典，作为一名初学者而质疑其地

位绝不是明智之举。人们对帕提农神庙或博格斯大教堂的
价值不会有疑议，如果我们四处说这些建筑没有给我们留
下什么印象，那么这就相当于对我们的理解力——而不是
对建筑本身进行了宣判——我们的审美有问题，而这些建
筑将继续被看作是特别出色的建筑。这就是那些优秀建筑
变成伟大建筑的方式。它们超越了极限，变得无懈可击，
而任何毁坏这些建筑声誉的企图只不过是损害了批评者自
己的可信度罢了。如果一个人对金字塔没有印象，那么他
最好学着被金字塔打动。我们依然会不自觉地发出惊叹，
那些使我们不自觉地发出惊叹的建筑无疑应该受到重视。
盖里在毕尔巴鄂的建筑就能够让人发出惊叹。那座建筑令
人吃惊，使人陶醉，一开始它并没有给人一种熟识的感
觉，而是让人觉得不可理解，正是这种不解才能引起人们
的惊叹和好奇。然而，这种不解的感受在我们的日常生活
中不能过多，一部分原因是，即使是最古怪的建筑，如果
它是你日常生活中的一部分，你也会很快熟悉它们；而另
一部分原因是，如果我们有太多的惊讶，那么我们什么事
也做不了。

房屋与文化造就了建筑

我们喜欢认为经典建筑具有永恒的价值。所谓永恒的价值就是不会因人类历史的改变而改变的价值，但是，走近了观察却发现这种观点站不住脚。毫无疑问，有些建筑一直受到人们的珍视，但是在不同的时代，人们珍视它们的方式也有所不同。以帕提农神庙为例，说它没什么伟大价值简直就是白痴，但是帕提农神庙之所以在不同的时代都受到人们的珍视是因为它似乎表现着不同的东西，例如，它表现了战胜了敌人之后的雅典的辉煌，或者象征着民主的起源。这种价值一直备受重视，但其所受重视的内容极易变化。房屋是实实在在之物，有其固有的属性。当一座房屋与一种文化相遇，并以产生某种价值的方式相结合，建筑也就产生了。一座建筑可能让我们感到震撼、平静，或者感受到了某种挑战，或者为之倾倒，但若我们对这种种的反应毫不注意，而且也不是有意识地培养这些反应，那么建筑就会离我们而去，人们所建构的世界就会变成一片乏味的荒漠。但是，一旦人们对建筑有所了解，那么房屋也就有了活力，无论去到什么地方，人们都有可能从建筑中看到技巧与智慧的无意识表达，其中可能也表现了空虚、贪婪和无所作为。我们喜欢把世界各地的伟大建筑看成是这样或那样的崇高理想的最为清楚、明确的表达。我们把这些伟大建筑看成是永世常存之物，代表永恒之中的短暂瞬间，促使我们走遍世界去拜谒它们。但是，在离家较近的地方我们也会感到快乐，这种快乐的强烈程度可能丝毫不亚于我们面对伟大建筑的快乐，其中包含了对一个地方的认同和理解，这种认同和理解可能包含一系列令人惊讶的矛盾情绪，而这种矛盾情绪存在于任何一个长期关系中。

年表

第一金字塔：塞加拉的多塞尔王阶梯式金字塔，埃及（公元前2773）；建筑师：伊姆霍特普（Imhotep）

胡夫大金字塔，吉萨，开罗附近，埃及（公元前2723—前2563）；建筑师：未知（图4）

具有轮辐的最早的车轮（约公元前2000年）

铁器在地中海地区的最早使用（约公元前1500年）

帕提农神庙，雅典，希腊（公元前447—前436）；建筑师：伊克蒂诺与卡利克拉特与雕刻家菲迪亚斯合作完成（图7）

朱诺·索斯皮塔神庙，拉努维乌姆，伊特鲁里亚神庙（公元前5世纪）（图17）

复合滑轮的发明，归之于阿基米德[1]（Archimedes，大约生于公元前287年）名下

通过转动前轴前进的第一批有轮交通工具（约公元前50年）

方形大厦，尼姆，法国（公元1—10世纪）；建筑师：未知（图13）

万神庙，罗马，意大利（118—125）；建筑师：佚名，但是在罗马皇帝哈德良的指导下完成（图14）

罗马风建筑：第一座后罗马时期的石造穹隆顶教堂，图尔尼，勃艮第，法国（约950—1120）；建筑师：未知

第一座哥特式建筑：圣德尼修道院教堂重建，巴黎（1137年始建；在修道院院长絮热［1081—1151］）的主持下

盛期哥特式建筑：圣艾蒂安大教堂，博格斯，法国（1190年始建）（图8）

最早的冠状玻璃在鲁昂制成（1330）

文艺复兴：佛罗伦萨大教堂穹隆顶建成，意大利

1　阿基米德（公元前287—前212），古希腊数学家、工程师及物理学家，古希腊智慧的代表人物之一，发现了不同几何形体的面积和体积公式，将几何学应用于流体静力学和机械学，设计了许多灵巧装置，如阿基米德螺旋泵，并发现了浮力定理。

（1420—1434）；建筑师：菲利波·伯鲁乃列斯基（1377—1446）

第一座使用了分层处理的古典柱式的后罗马式立面：鲁切拉伊宫邸，佛罗伦萨，意大利（1455）；建筑师：莱昂·巴蒂斯塔·阿尔伯蒂（1404—1472）

圆厅别墅（卡普拉别墅），维琴察，意大利（1569）；建筑师：安德烈亚·帕拉第奥（1508—1580）（图15）

怀特霍尔大街宴会厅（1619—1622）：建筑师：伊尼戈·琼斯（1573—1652）

泰姬·玛哈尔陵，阿格拉，印度（1630—1653）；建筑师：乌斯塔德·伊萨（生卒年月不详）（图23）

圣保罗大教堂，伦敦，英格兰（1675—1710）；建筑师：克利斯托弗·雷恩爵士（1632—1723）

平板玻璃第一次在法国生产成功（1688）

奇斯威克别墅，伦敦，英格兰（1725）；伯灵顿伯爵（1694—1753）（图16）

威斯朝圣教堂，斯特因豪森，巴伐利亚，德国（1745—1754）；建筑师：多米尼克斯·齐莫尔曼（1681—1766）（图11）

蒙蒂塞罗，夏洛茨维尔附近，弗吉尼亚（1796—1808）；建筑师：托马斯·杰斐逊（1743—1836）（图12）

皇家亭阁，布赖顿，英格兰（1815—1821）；建筑师：约翰·纳什（1752—1835）（图3）

哥特复兴：威斯敏斯特官，伦敦，英格兰（1836—1868）；建筑师：查尔斯·巴里爵士（1795—1860）与A.W.N.普金（1812—1852）（图5）

铸铁的早期应用：水晶宫，海德公园，伦敦（1851）；建筑师：约瑟夫·帕克斯顿（1803—1865）；作为一个临时性展览建筑而设计

以利沙·G.奥蒂斯[1]（Elisha G. Otis）获得专利的蒸汽动力升降机（1861）

维尔纳·冯·西门子[2]（Werner von Siemens）制成了第一台电力升降机（1880）

1　以利沙·格雷夫斯·奥蒂斯（1811—1861），美国发明家，第一座载人电梯（安装于1857年）的发明者。
2　厄恩斯特·维尔纳·冯·西门子（1816—1892），德国工程师，在电报与电子设备方面做出过显著的改进工作，并发明了第一台电力驱动的升降机。他的弟弟卡尔·威廉，即后来的查尔斯·威廉·西门子爵士（1823—1883），发明了一种回热蒸汽发动机，并设计了一种铺设长距离缆绳的汽船。

圣家族赎罪教堂，巴塞罗那，加泰罗尼亚，西班牙（1882年始建）；建筑师：安东尼·高迪（1852—1926）（图22）

铸铁结构框架的早期使用：家庭保险办公大楼，芝加哥，伊利诺伊（1883—1885）；建筑师：威廉姆·勒·巴龙·詹尼（1832—1907）和威廉姆·B. 蒙迪耶（1893—1939）。这是一座杰出的10层办公大楼。

埃菲尔铁塔，巴黎，法国（1889）；建筑师：古斯塔夫·埃菲尔[1]（Gustave Eiffel，1832—1923）

钢筋混凝土于1892年由比利时工程师弗朗索瓦·埃纳比克（François Hennebique，1842—1921）发明

新艺术运动：地铁入口，巴黎，法国（1899—1905），使用了预制铸铁嵌板；建筑师：赫克托·吉马德（1867—1942）（图21）

机器拉制的圆柱玻璃第一次在美国生产（1903）

第一座真正的摩天楼：渥尔华斯大厦，纽约（1910—

---

[1] 亚历山大·古斯塔夫·埃菲尔，法国工程师，为1889年的巴黎博览会用铸铁结构设计了埃菲尔铁塔，该塔位于巴黎的塞纳河南岸，高300米（984英尺），是当时巴黎最高的建筑。

1913）；建筑师：卡斯·吉尔伯特（1850—1934）。在1930年以前，这是世界上最高的建筑。

芝加哥论坛报大厦，芝加哥，伊利诺伊（1923—1925）；建筑师：约翰·迈德·豪威尔斯（1868—1959）和雷蒙德·胡德（1881—1934）（图20）

施罗德住宅，乌得勒支，荷兰（1924）；建筑师：盖里·里特维尔德（1888—1964）（图9）

新精神亭，巴黎，法国（1925）；建筑师：勒·柯布西耶（夏尔-爱德华·让纳雷，1887—1965）

萨伏伊别墅，普瓦西，法国（1928—1930）；建筑师：勒·柯布西耶（1887—1965）

帝国大厦，纽约（1929—1931）；建筑师：施里夫（Shreve），拉姆（Lamb）和哈蒙（Harmon）

流水别墅，熊跑谷，宾夕法尼亚（1936—1939）；建筑师：弗兰克·劳埃德·赖特（1867—1959）（图10）

西格拉姆大厦，曼哈顿，纽约（1954—1958）；建筑师：密斯·凡·德·罗（1886—1969）和菲利普·约翰逊（1906年生）（图18）

昌迪加尔，旁遮普，印度（1950—1965）；建筑师：

勒·柯布西耶（1887—1965）（图6）

歌剧院，悉尼，澳大利亚（1957—1973）；建筑师：约翰·伍重（1918年生）（图19）

蓬皮杜艺术文化中心，巴黎，法国（1977）；建筑师：伦佐·皮亚诺（1937年生）和理查德·罗杰斯（1933年生）（图25）

古根海姆博物馆，毕尔巴鄂，西班牙（1997）；建筑师：弗兰克·盖里（1929年生）（图24）